基礎から理解する化学 ③

分析化学

藤浪眞紀
岡田哲男
加納健司
久本秀明
豊田太郎
［著］

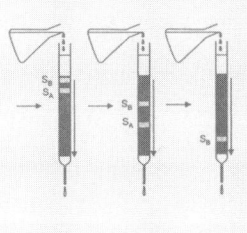
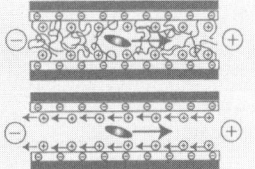
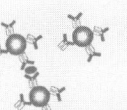
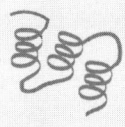
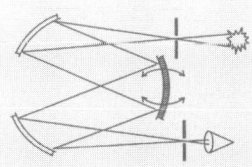
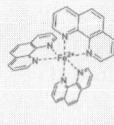
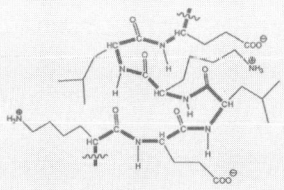

エムスリーエデュケーション株式会社

企画委員

北村　彰英	千葉大学大学院工学研究科共生応用化学専攻
幸本　重男	千葉大学大学院工学研究科共生応用化学専攻
岩舘　泰彦	千葉大学大学院工学研究科共生応用化学専攻

執筆者

藤浪　眞紀	千葉大学大学院工学研究科共生応用化学専攻
岡田　哲男	東京工業大学大学院理工学研究科化学専攻
加納　健司	京都大学大学院農学研究科応用生命科学専攻
久本　秀明	大阪府立大学大学院工学研究科物質・化学系専攻
豊田　太郎	千葉大学大学院工学研究科共生応用化学専攻

（平成21年9月30日現在，執筆順）

シリーズ　刊行にあたって

　大学教育を考えるとき，学生を世の中に自信をもって送り出す教育を行うことが重要なのはいうまでもありません．そこには教育カリキュラムを充実させるということが常に課題になっています．教育カリキュラムは一貫したものでなければなりません．教養教育，専門基礎教育，専門教育，これら種々の教育が一体化してはじめて学生を自信をもって社会に送り出せるようになるのです．そうはいっても一体化が難しいのも事実です．教養教育と専門教育，あるいは専門基礎教育と専門教育の企画運営の組織が異なる場合が多くの大学で見られます．組織の違いを乗り越えて，一体化するのは大変なことと思います．また，近年，高等学校の教育と大学教育との乖離も多くいわれています．大学としては教育カリキュラムに対応できる学生を入学させているはずで，本来，乖離がないか，あったとしても学生個人が対応できる範囲のもののはずです．しかしながら，現実はそうではないのはよく知られているところです．

　これらの状況の下，少なくとも化学の分野でカリキュラムを考えたとき，どのような教科書が必要になるのか，その答えがこのシリーズと考えていただければと思います．一冊毎の内容は2単位30時間授業に対応しています．物理化学や有機化学などは高校で教わるレベルを考慮した内容になっています．したがって，これらは化学を専門としない理系の教科書としても使えます．理系専門基礎教育用といってよいでしょう．それ以外のものはもう少しレベルが高い内容になっています．すなわち，専門教育用の教科書になります．一部の教員の方はもっと高度な内容を期待されるかもしれませんが，学部教育と大学院教育との連携を考えると，学部の専門教育用としてはこのレベルで十分と我々は考えました．これ以上のレベルは大学院の教育を実質化することで対応するべきと考えるのは我々だけでしょうか．

　シリーズの位置付け，内容等にご理解いただき，利用していただければ幸いです．

企画委員
北村　彰英
幸本　重男
岩舘　泰彦

まえがき

　分析化学とは，物質を構成する原子・イオン・分子の種類や化学状態を決め（定性分析），それらの含有率や量を求める（定量分析）方法を開発するための学問である．測定対象となる試料は，地球環境試料，生体試料，金属材料，半導体材料，高分子材料などさまざまである．元素は 111 種類あり，分子の種類は無限といってもよい．調べたい成分の含有率は，数十 % から数 ppt（parts per trillion, 質量比では $1/10^{12}$ g g^{-1}）の超微量成分まで，10 桁以上の幅がある．化学物質を扱う限り，その構成要素である元素種や分子構造，およびそれらの量を知る必要があることから，分析化学は必須の学問といえる．先の分析化学の目的を達成するには，いかにして目的成分を高い選択性で分離（検出に邪魔になる成分を取り除く）し，高い感度（単位濃度変化あたりの信号の変化量）で検出するかがポイントとなる．そのためのキーワードは「分離」と「検出」であり，そのための考え方（戦略）を学ぶことが分析化学を学ぶ主目的である．

　分離とは，目的成分の検出を妨害する成分を除去することである．分離法の一つとして水溶液中の金属イオンの溶解度の差を利用した方法を高等学校で学んだ．2 種類の金属イオンがあっても適当な陰イオンを加えることにより，溶解度積の違いから目的成分を沈殿物として，もう一方を水溶液中に残すことができる．ほかにも，水と油を溶媒としたときの溶解度の差，固体への吸着量の差，特異的化学反応など目的成分の分離に関しては化学的な相互作用を上手に利用するところに価値がある．

　検出とは，分析成分の物質量に依存する何らかの信号を取得することである．高等学校で学んだ中和滴定を例にとる．透明な塩酸水溶液に透明な水酸化ナトリウム水溶液を滴下する．中和反応で生成される塩化ナトリウム水溶液は透明であり，滴定途中どの時点で当量点に達したのかはこのままではわからない．そこで登場するのがフェノールフタレインのような滴定指示薬であり，当量点を色調の変化から検出する．当量点付近では水素イオン濃度の急激な変化が起こり，フェノールフタレイン分子が酸から塩基になり，吸収する光の波長が変化する．たった数滴を試料溶液に添加するだけで，水素イオンの濃度変化を色調の変化として検出する指示薬に価値がある．

　分析化学を学んでいると，さまざまな学問分野と深い関わりがあることがわかる．沈殿反応や酸塩基反応は溶液化学であり，滴定指示薬の合成は有機化学であり，色調の変化の原理は物理化学である．また，分析法として構築するためには，検出器からの電気信号の取り扱い，装置全体のシステム化・自動化，データ測定・

データベースなどのソフトウェア開発など，工学的な最新技術もどんどん取り入れる必要がある．何の関連もなさそうな個々の科学や技術を融合し，方法論として成立させているのが分析化学なのである．

　本書は，大学学部の低学年用の分析化学の教科書として，溶液中のイオンや分子の分析法を軸に学習することを目的としている．第1章では，分析化学とは何かという学問領域における位置づけを明確にし，また，分析用語や定量に関わる基礎事項について述べた．第2章と第4章では，検出に重点を置いて，電磁波の一種である紫外・可視光を利用した原子・分子スペクトルと，イオンや分子間での電子のやりとりである酸化還元反応を利用する電気化学分析法をそれぞれ学ぶ．第3章では，化学平衡論に基礎を置く容量分析法として，酸塩基反応や錯生成反応といった溶液化学の基礎を解説し，分析化学ではどのようにそれらの反応を利用するかを記述した．第5章では，混合物を化学的な相互作用により分離するための沈殿反応や溶媒抽出を学び，それを多段階にした各種クロマトグラフィーにおける分離と検出を学ぶ．第6章では，多種多様な夾雑物から特異的な反応を利用して目的成分を分析する生化学分析を取り上げた．これまでの分析化学の教科書にはあまりなかった視点を随所に取り入れたつもりであり，さらに分析化学の面白さを読者に伝えることができれば幸いである．

　おわりに，刊行に至るまでに見守っていただいたみみずく舎/医学評論社編集部に深謝いたします．

　平成21年9月

著　者
藤浪　眞紀
岡田　哲男
加納　健司
久本　秀明
豊田　太郎

目　　次

1. 分析化学とは……藤浪眞紀 ……………………………1
　1.1　分離と検出　1
　1.2　定量分析と誤差　4
　1.3　絶対定量と相対定量　7
　1.4　分析化学の展開　8
　COLUMN：SI 単位　8

2. 光を用いた検出法—分子・原子スペクトル—……藤浪眞紀…………10
　2.1　吸光光度法　10
　2.2　蛍光分光法　17
　2.3　分子スペクトル測定装置　19
　2.4　化学発光分光法　22
　2.5　原子スペクトル　23
　2.6　原子吸光法　25
　2.7　誘導結合プラズマ発光分光法　28
　2.8　誘導結合プラズマ質量分析法　29
　2.9　極微量分析　30
　2.10　その他の電磁波を利用した分析法　30
　COLUMN：無輻射遷移を利用した光熱交換分光法　13
　　　　　　蛍光物質抽出でノーベル化学賞　19
　　　　　　光学顕微鏡と分光分析　22
　練習問題　32

3. 平衡論に基づく容量分析法……岡田哲男 ………………………33
　3.1　pH 滴定　33
　3.2　キレート滴定　58
　3.3　濃度と活量　67
　COLUMN：酸塩基のいくつかの概念　35
　　　　　　電気伝導率とは　36
　　　　　　身近な pH 緩衝溶液　49
　　　　　　滴定曲線のシミュレーション　54
　練習問題　69

4. 電気分析化学……加納健司……………………………70
4.1 酸化還元反応と酸化還元電位　70
4.2 滴定曲線と酸化還元緩衝能　74
4.3 電池と電子移動　76
4.4 酸塩基反応や錯生成反応を伴う酸化還元反応　77
4.5 平衡と速度　79
4.6 分析的応用例　80
COLUMN：光合成系での電子移動　77
　　　　　シトクロム c　79
練習問題　84

5. 分離分析……久本秀明……………………………85
5.1 沈殿生成反応　85
5.2 抽出・分配　91
5.3 クロマトグラフィー　98
COLUMN：塩化銀と塩化ナトリウムの溶解度　87
　　　　　"HPLC"とは　116
練習問題　116

6. 生化学分析……豊田太郎……………………………118
6.1 DNAやタンパク質分析のための電気泳動　118
6.2 酵素を利用した分析法　122
6.3 免疫分析　132
COLUMN：ヒトゲノム計画　131
　　　　　DNAマイクロアレイ（DNAチップ）　131
練習問題　136

練習問題解答……………………………137

索　引……………………………141

1. 分析化学とは

本章では，分析化学という学問領域の核となる分離と検出の考え方を説明し，量や濃度を求める際の数値の扱いや検量線について述べる．また，現在の分析化学の研究展開を簡単に紹介する．

1.1 分離と検出

分析化学とは，物質が「どのような元素や分子からできているのか」そして「それらがどれくらいの量あるのか」を調べる方法を開発するための学問領域である．前者では元素種，分子種，それらの存在状態（集合状態，電子状態，結合状態など）を決めることであり，定性分析という．後者は定量分析といい，数十％の主成分から ppm（parts per million，質量比とすると $\mu g\ g^{-1}$，μg（マイクログラム）は 10^{-6} g）といった微量成分，さらに極微量成分の ppt（parts per trillion，重量比で $pg\ g^{-1}$，pg（ピコグラム）は 10^{-12} g）レベルにまで及ぶ．

高等学校では，定性・定量分析として何を学習してきたであろうか．まず，水溶液中に含まれている金属陽イオンを検出した定性分析を思い浮かべる．数種類の金属イオンが含まれている水溶液に特定の試薬を添加し，その生成物の溶解度の差を利用して沈殿を生成させ，沪過して分離する．たとえば塩化物イオン（Cl^-）を添加すると，銀イオン（Ag^+）や鉛イオン（Pb^{2+}）を沈殿させることができる．金属イオンを分離した後には生成した錯体や沈殿が特徴的な着色をするような反応を利用してイオン種を決定した．沈殿に熱湯を注いでも不溶で白色であれば AgCl と同定できることから Ag^+ の存在がわかり，可溶である場合は K_2CrO_4 を数滴滴下して黄色沈殿ができれば $PbCrO_4$ が生成したことになり，Pb^{2+} と判定できる．

また，金属イオンの決定には炎色反応も学んだ．金属イオンを含む水溶液を先端に付着させた白金線をガスバーナーの炎の中に入れ，その炎の色から金属イオン種を決定した．赤色であれば Li であり，黄色であれば Na である．炎の中で金属イオンが熱エネルギーを受け取り，元素に特有の波長の光を発したのである．

以上のように検出というのは分析目的物質にある種のエネルギー（化学反応，熱，光など）を与え，その物質と特有の相互作用をして発生した反応物（新たな化合物，光など）からその物質を同定することである（図 1.1）．

次に，もう一歩進めて定量分析を考える．高等学校で行われた定量分析の一つは酸塩基（中和）滴定である．酸塩基滴定曲線は，水素イオン（H^+）濃度の滴定量による変化を示している．フェノールフタレインのような滴定指示薬は，H^+ 濃度がある pH を超えるとその色調が変化する化合物である．したがって，まさ

しくH⁺を定量してその変化を色の変化として示していることになる．酸塩基反応，沈殿反応や錯生成反応などの化学反応を利用して平衡論をもととして計算により定量分析することを容量分析（第3章参照）と呼ぶが，それが成立するためには，以下のことが満たされている必要がある．

- 反応が化学量論的であること．
- 反応が迅速であること．
- 副反応がなく，ある程度特異的であること．
- 反応が完全に起こること．少なくとも化学平衡が99.9％以上反応の生成側に偏っていること（これを「反応が定量的である」という）．

ある物質に刺激を与えて，物質から発するものを人間が認識できる（この場合，機械で認識することも含めて）信号に変換することが検出である．もし，その信号強度が物質量に依存すれば，定量分析が可能となる．たとえば，着色の濃さと目的成分の濃度との関係から定量する方法に吸光光度法がある．水溶液中のFe^{2+}と特異的に反応する配位子（1,10-フェナントロリン）を反応させて生成した赤色の錯体の呈色の程度を測定する．ここで，呈色の程度の指標である吸光度（第2章参照）が濃度に比例するという法則を利用する．呈色は，物理化学的には電磁波の一種である可視光と物質の相互作用の結果である．つまり，ある波長の光を試料溶液に照射すると，その光を原子・分子は吸収し，高いエネルギー状態に遷移する励起という現象が起こる．そこである波長の光を試料に当て，その光の減少の程度を光検出器（光の量を電気信号に変換する）で精確に測定して定量する．以上のように物理的な励起や検出対象物の量を電気信号に変換する検出器を用いる分析法を総じて機器分析法という．現在の分析法はこの機器分析法が非常に多い．

では，機器分析における検出の戦略は何か．物理的な刺激を与えるものとして電磁波（ラジオ波，赤外線，可視・紫外線，X線，γ線など）があげられる．そのほかにも量子ビーム（電子，イオン，中性子など）などが利用されている．刺激（励起）とその物質との相互作用の組み合わせにおいて，同じ刺激を与えても物質によって反応の仕方が異なれば，その物質が何か，どの程度の量かという

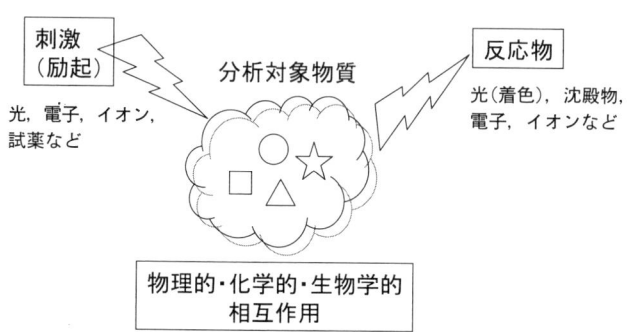

図1.1 物質検出のイメージ
物質に何らかの刺激を与えて，その相互作用により発生した反応物を人間が認識できる信号に変換して検出する．

ことがわかるのである.

また,刺激の与え方で,いつ(時間),どこ(場所)を観察することもできる.たとえば,蛍光法でキセノンランプからの光を均一に溶液試料に照射するのであれば,溶液内にある目的物質の平均の濃度を求めることになる.一方で,光学顕微鏡内において励起光を対物レンズで集光したり,発生した光を結像して観測すれば,μm レベルの微小領域の濃度を測定できる.また,断続的に励起光を照射すればマイクロ秒（μs, 10^{-6} 秒）やナノ秒（ns, 10^{-9} 秒）レベルの分子の状態の変化を検出できる.

これまでは検出だけを考えてきたが,現実の試料を分析することを考えると,検出だけでは不十分な場合がほとんどである.たとえば河川水に含まれる金属イオンを調べようとした場合,微量成分も含めて数十種類の金属イオンが含まれているであろう.先述の 1,10-フェナントロリンも,Fe^{2+} 以外にも呈色する金属イオンがある.炎色反応でも複数の金属イオンが含まれていたら複数の色が混在し,金属種を決定できない.つまり検出において化学反応や物理的相互作用を利用するため,類似の反応を示す元素が共存している場合には,検出する前に「分離」する必要がある（図 1.2）.分離というのは,検出を邪魔する成分を系外に除外することを意味する.微量成分を測定するにつれ,分離はますます重要になってくる.そのための戦略として,水と有機溶媒での溶解度の差を利用して液・液で分ける方法（溶媒抽出）,水中での溶解度の差を利用して妨害物を沈殿（液相から取り除く）させてしまう方法（沈殿分離）,固定された物質との吸着量の差を利用して気相や液相に取り出す方法（吸着分離）などがある.夾雑物が多い溶液の中での特定の生体分子の検出では,特異的に反応させることができる酵素反応や免疫反応が利用されることもある.分離は物質同士の選択的・特異的な相互作用を非常に巧みに活用することであり,そのほとんどは化学的な発想から考案されたものである.

以上のように,目的対象物の分析には分離と検出の両面においてさまざまな工夫が必要であり,そこに分析化学の面白さがあるといえる.

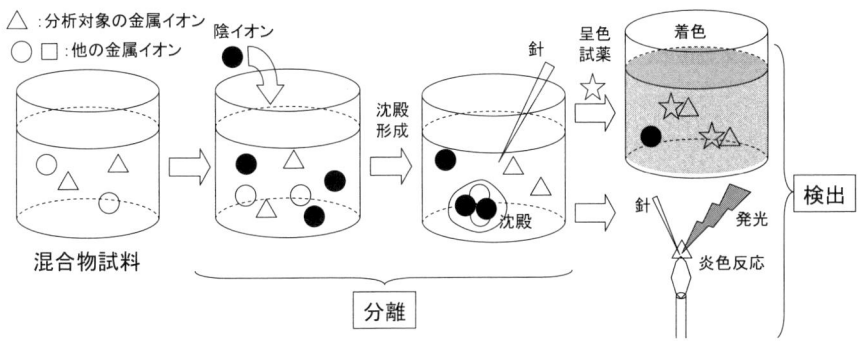

図 1.2 分離と検出のイメージ
ここでは分離には沈殿反応を利用し,目的金属イオンの△のみを溶液に残し,呈色反応による着色や炎色反応を利用して検出している.

1.2 定量分析と誤差

時間や長さの計測と同様に，定量分析では物質量を測定しているため，統計的な考えが必要になる．物質に含まれている目的成分の量には必ず「真の値」がある．ある方法で測定した定量値と「真の値」とのずれを確度（accuracy）という．長さや時間に基準があるように，定量分析の場合はその基準は質量になる．そこで，含まれている質量が既知の物質を標準物質と呼び，特にその値に対して確かな値付けおよび不確かさが表記されたものを認証標準物質という．それら標準物質は分析手法により目的成分が適切に分析できているかを評価するために有用である．

ところで，測定値には必ず誤差が含まれている．サイコロのある目が出る確率は 1/6 だが，実験結果をその値に近づけるにはサイコロを振る回数を多くすることが必要である．同様に定量するときは必ず何回か測定し，その平均値から定量値を決める．まず問題となるのは測定値の平均値と「真の値」との差で，それを誤差という．n 個の測定値を $x_1, x_2, x_3, \cdots, x_n$ とすると平均値 $\bar{x}$ は，

$$\bar{x} = \frac{x_1 + x_2 + x_3 + \cdots + x_n}{n} \tag{1.1}$$

と表される．確度が低い場合は，誤差の絶対値が大きく，大小どちらかにずれている．そのような誤差を系統誤差という．系統誤差の原因は，実験操作自体や使用している器具や試薬に問題がある場合がほとんどであり，改善・補正が可能である．たとえば，ビュレットの値を読み取る際に大きな値で読む癖があれば矯正し，使用していた試薬の純度が悪く目的成分が含有されていたのであれば，それらを高純度化するか補正するなどの対策を講ずる．また，海水や土壌などから試料を採取する場合には，場所によるバラツキが懸念され，その試料採取場所が全体の平均値を反映しているかという問題も考慮すべきである．一方で，確度のよ

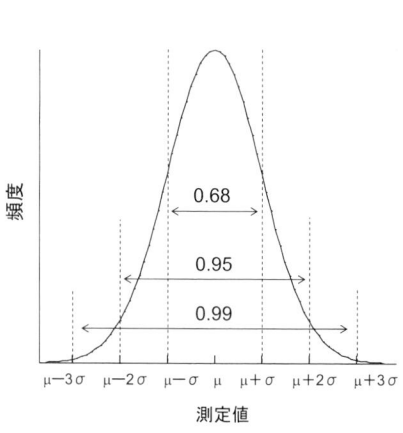

図 1.3 測定値の分布
正規分布．図中の数字は測定値が矢印の範囲をとる確率を表している．

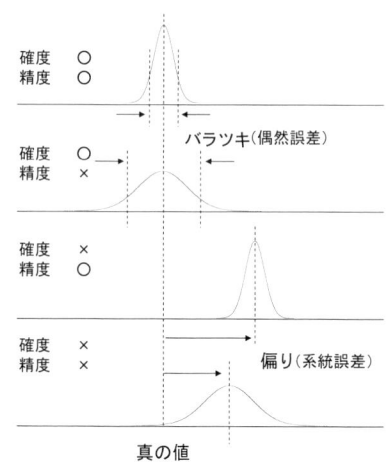

図 1.4 精度と確度の関係

しあしとは別に不規則に発生する誤差を偶然誤差という．定量分析する場合には，平均値のみならずその値のバラツキを議論しなければならない．

繰り返し測定し，その真の値と各測定値との差である偏差をグラフにすると正規分布（ガウス分布とも呼ぶ）（図 1.3）に近づき，統計的に取り扱うことができる．真の値 μ とそのバラツキの程度を母集団標準偏差 σ といい，

$$\sigma = \sqrt{\frac{\sum_{i=1}^{n}(x_i-\mu)^2}{n}} \tag{1.2}$$

として表される．σ が小さい場合を精度（precision）が高い方法ということができる．測定値が $\mu\pm\sigma$ の範囲にある確率は 68％，$\mu\pm2\sigma$ では 95％，$\mu\pm3\sigma$ では 99％となる．実際には式（1.2）は n が無限大のときに成り立ち，また真の値 μ は平均値 $\bar{x}$ とするしかないので，有限の測定値から精度を評価することになる．その場合，標本標準偏差 s と呼び，式（1.3）で表される．

$$s = \sqrt{\frac{\sum_{i=1}^{n}(x_i-\bar{x})^2}{n-1}} \tag{1.3}$$

もちろん，測定回数を多くしていけば s は σ に近づいていく．確度と精度という用語はまぎらわしいが，分析化学ではその違いは明確である．その高低の関係を測定値の分布として図 1.4 に示す．

精度において測定値の単位に依存することなく相対的な比較を可能とする指標として変動係数（coefficient of variation）CV があり，以下の式で表される．

$$CV = \frac{s}{\bar{x}} \tag{1.4}$$

CV が小さいほど精度のよい手法といえる．また，これを％表記にしたものを相対標準偏差と呼ぶ．

次に，定量分析の能力を示す指標として感度がある．感度とは，単位濃度あたりの信号強度の変化量である．横軸に濃度をとり，縦軸に検出の際の信号強度の関係をとったグラフを検量線というが，感度はその傾きとなる．しばしば濃度が低いところまで検出できる方法を高感度な分析法と呼ぶが，どの程度の微量成分を検出できるかを表現するには検出限界という値が使われる．定性的には目的物質の存在していないブランク試料[1]（空試料とも呼ぶ）との信号差を有意に識別できる値まで低減させた濃度ということになる．その差を客観的に評価できるように基準を設けている．最も一般的な基準は，バックグラウンド信号（ブランク試料での測定値）の標準偏差の 3 倍の値を検出限界とするという定義である（図 1.5）．検出限界を $\bar{x}_{\mathrm{DL}}$ とすると，

$$\bar{x}_{\mathrm{DL}} = \bar{x}_{\mathrm{BG}} + 3\sigma \tag{1.5}$$

---

[1] ブランク試料： たとえば，溶液試料において光の吸収を測定する場合，分析目的の物質が含まれていない溶媒があってもわずかながら吸収が認められることがある．また，光源から装置内への迷光などがある．そのように目的物質が存在していなくても不可避に混入される測定値をバックグラウンド信号として考慮する必要があり，その測定のための試料をブランク試料という．

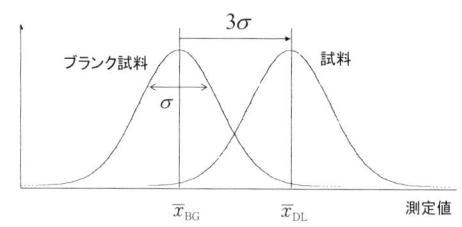

図 1.5 ブランク試料の測定値 $\bar{x}_{BG}$ と検出限界 $\bar{x}_{DL}$ の関係

となる．ここで $\bar{x}_{BG}$ はバックグラウンドの平均値である．検出限界を改善するには，バックグラウンド信号をできる限り低く，かつ標準偏差を小さくすることが必要である．なお，濃度を相対標準偏差 10% の精度で定量する場合には，その標準偏差の 10 倍の値以上の信号強度が必要であり，その閾値を定量下限という．

もう一つの定量分析の能力として，どの程度の濃度範囲で分析が可能かということも重要であり，それをダイナミックレンジあるいは定量範囲という．ppt から % まで 1 つの手法で測定できるものは少なく，通常はせいぜい 2 〜 3 桁の範囲である．濃度が低い方は定量下限以下となりバックグラウンド信号と区別がつかなくなる．濃度が高くなると信号は飽和（それ以上濃度が増えても高い値で変化しない）したり，逆に低下する場合もある．

次に，定量値を扱うときの有効数字を考える．学生の実験ノートやレポートを読んでいると，8 桁の数値が記入されていることも珍しくはない．電卓で求めた数値をただ書き写したのである．目盛りの数値を読み取る場合，最小目盛りの 1/10 まで読み取るので，有効数字の桁数はほとんどが 3 〜 4 桁程度である．たとえば天秤で質量を量り取り 5.67 g と書くか 5 670 mg と書くかでは数値の由来が異なる．前者は有効数字が 3 桁，後者では 4 桁となる．つまり 5.67 g は 5.665 以上 5.675 未満の範囲にあることを示し，5 670 mg では 5 669.5 以上 5 670.5 未満の範囲となる．したがって，有効数字の桁数を明確に示すには，べき数表示を徹底すべきである．有効数字が 3 桁である場合には，5.67×10^3 mg とする．四則演算をした場合，どうしたらよいか．誤差を考慮して加減算では，丸めた桁の位が最も高い位に合わせて計算する．乗除算では有効数字の桁数の最も小さい桁までしか計算結果を求めることができない．その計算例を以下に示す．

$$
\begin{array}{r}
1.27 \times 10^{-2} \\
3.5 \times 10^{-3} \\
+\,)\,6.234 \times 10^{-3} \\
\hline
2.24 \times 10^{-2}
\end{array}
$$

$$
\begin{array}{r}
1.27 \\
3.5 \\
\times\,)\,6.234 \\
\hline
2.7 \times 10
\end{array}
$$

なお，誤差を含む値同士の計算においても誤差は伝播するので，それを考慮して示す必要がある．

1.3 絶対定量と相対定量

酸塩基滴定などの容量分析では試薬の添加量から化学量論に基づいて物質量を直接求めることができる．それは，測定量である質量が基本的な SI 単位系（コラム参照）の物理量に帰着されるからであり，そのような定量を絶対定量という．一方，ほとんどの機器分析における検出器からの出力は光の強度などを電気信号に変換したものであり，定量には標準試料が必要になる．それを相対定量といい，目的成分を既知量含む複数の標準溶液を用意して，これらと分析試料の信号強度との相対的な比較により定量する．標準試料の調製においては溶媒や共存物質といったマトリックス（媒体）を分析試料と合致させることが必要である．それは目的物質からの信号強度がマトリックスによって変化するためであり，その影響を総称してマトリックス効果[2]という．以下に，代表的な 3 種類の相対定量の方法を記し，各方法のグラフを図 1.6 に示す．

① 検量線法： 目的元素を既知量含む標準溶液を調製し，その濃度を横軸にとり，縦軸にはその溶液からの信号強度をとり，検量線を引く．濃度未知の分析試料の信号強度を検量線に当てはめて濃度を求める．一般的で簡易な方法であるが，マトリックスの影響を受けないように標準溶液の組成や共存物質を試料溶液に合致させることが困難な場合もある．

② 内標準法： 目的成分の信号に影響を与えない成分（元素）を試料に一定量加え（内標準という），横軸に目的成分の濃度，縦軸に標準溶液の内標準と目的成分の信号強度比をとり，検量線を引く．強度比をとることにより分析機器への試料導入量などの測定条件の変化の影響を低減することができるところに利点があり，JIS などの公定法にも多く用いられている．

③ 標準添加法： 測定試料のマトリックス成分との合致が困難である場合やその影響が不明な場合に有効な方法である．測定試料に複数の既知量の目的成分

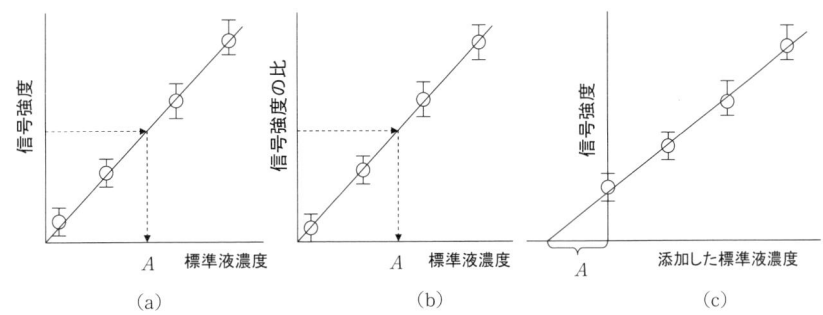

図 1.6 さまざまな検量線作成法
(a) 検量線法，(b) 内標準法，(c) 標準添加法．それぞれ信号強度あるいは信号強度比から濃度 A を求める．

---

[2] マトリックス効果： 同じ物質量（濃度）であってもその主成分の元素種や環境により，得られる結果が影響を受けることをいう．たとえば同濃度の微量 Cu^{2+} が純水中にあるのか海水中にあるのかで原子吸光での吸光度に差が出てしまう．定量にはそのような主成分の影響を排除する，あるいは同一にする工夫（前処理など）が必要である．

を添加し，横軸に添加量，縦軸に信号強度をプロットする．横軸の交点の絶対値が目的成分の存在量となる．

最近の機器分析では，コンピュータによって測定条件を制御したり，検出器からの信号を処理するなど分析の自動化が進んでいる．標準溶液さえ準備すれば，定量分析に必要な検量線を作成し，自動的に濃度まで求めてくれる．人為的な系統誤差も解消され，まことに便利な世の中であるが，機械やソフトウェアが実行していることをそのまま信じてしまうことは危険である．濃度を求めるための平衡論による計算法が適用可能な条件か，使用した検量線法は適切か，測定の精度を考えて有効数字は何桁までかなど，装置を使う人間が測定値を吟味して定量することが大切である．

COLUMN

SI 単位

1960年に国際的にメートル条約に基づいて定められた国際単位系（the International System of Units：SI）が単位の基本となっている．SI 基本単位は表 1.1 に示したとおりである．これらを基本として多くの組立単位がある．たとえばエネルギーは m^2 kg s^{-1} であるが，J（ジュール）という SI 組立単位で略される．一方で SI 単位系ではないが，感覚的にわかりやすい単位が好んで用いられる場合がある．エネルギーを表すには電子1個を考える場合と mol（モル）で考える場合とでは桁数の違いが大きいため J ではなく，eV（エレクトロンボルト）が広く用いられている．また，体積は SI 単位系では dm^3（デシメートル3乗，デシは 1/10）と表せるが，本書では汎用的な L（リットル）を用いることとする．物質量を表す mol と合わせてモル濃度は mol L^{-1} あるいは M で表す．

表 1.1 SI 基本単位

量	記号	名称
長さ	m	メートル
質量	kg	キログラム
時間	s	秒
電流	A	アンペア
熱力学温度	K	ケルビン
物質量	mol	モル
光度	cd	カンデラ

1.4 分析化学の展開

物質中に存在する目的成分をいかに選択的に分離し，高い感度で検出できるかという方法論の開発が分析化学の研究課題である．近年，選択性という言葉が，混合物からの単一成分の分離という意味からその質が変化している．たとえば，物質と空気との間の表面や有機相と水相の境など異なる相間の2次元的境界（界面），固体表面の径が数 μm 以下の局所領域といった空間的な選択性，あるいはピコ秒（ps，10^{-12} 秒）以下の超高速領域といった時間的な選択性などである．また，物質をあるがままの姿で観察するための分析手法の開発も研究課題である．従来法の多くは分析するために試料を適切な方法で溶解して（つまり破壊して）

分析してきた．一方で芸術品や遺跡のように試料を破壊しないで測定する，細胞構成分子の検出では生きたままの環境中で測定する，最表面分析では気体が反応しない真空下でありのままの姿を測定する，逆に反応させながら測定する，などの要求から分析における測定条件の制約を克服する分析法の開発が望まれている．検出では，定量下限が ppt の領域まで到達し，分子からの蛍光測定やイオンの質量分析では物質量でいえばたった 1 個の分子の検出（単一分子計測）も可能となっている．

　分析手法の開発には性能面だけではなく，どれだけ短時間・低コストでできるのかといった省力化の問題，危険な化学物質を使用しないといった安全面での問題，試薬類をなるべく削減するといった環境面での問題の解決も重要視されている．そこには化学・物理学・生物学などの学問領域にとどまらず，計測工学・情報処理・電子工学など幅広い工学的な知識が必要となっている．

　以上述べたように，分析化学はさまざまな学問や技術が組み合わされた，まさしく融合分野であり，その発展こそが新しい現象の発見や機能の解明のためには必要なのである．

2. 光を用いた検出法 ─ 分子・原子スペクトル ─

　第1章で述べたように，金属イオンの炎色反応や滴定指示薬の色調変化から，物質の定性分析や定量分析が可能である．色調の変化は肉眼で容易に観察されるため，それを利用した分析が古くから行われてきた．人間が識別できる可視光や波長がやや短い紫外光は原子・分子・イオンの電子状態に関係し，それらの定性・定量分析に広く利用される．本章では，紫外・可視光の分析化学への利用について述べる．

2.1　吸光光度法

a.　吸収スペクトル

　まず，色の正体は何であろう．それを示したものが可視光領域の吸収スペクトルである．吸収スペクトルとは横軸に光の波長をとり，縦軸には試料により吸収された各波長の光量を示したものである．光は粒子としての性質と波としての性質をもつが，ここでは振動する電場成分をもつ電磁波であることが重要である．紫外線は200〜400 nmの波長範囲，可視光は400〜750 nmの波長範囲の光をいう．特に可視光は肉眼で色として認識され，波長の短い方から紫藍青緑黄橙赤と変化する．吸光度 A は，入射したある波長の光の強度 I_0 と試料溶液を透過した光の強度 I との比（透過率：I/I_0）を用いて以下のように表される．

$$A = -\log\left(\frac{I}{I_0}\right) \tag{2.1}$$

　図2.1にpH（$= -\log[\mathrm{H_3O^+}]$）が1と7の透明な水溶液に酸塩基指示薬であるメチルオレンジを滴下した場合の吸収スペクトルを示す．吸収スペクトルには水に溶解したメチルオレンジ分子によってどの波長の光がどの程度吸収されたかが示されている．pH 1の水溶液では400〜570 nmの範囲で吸収があり，600 nm以上の光が透過することから試料溶液は赤色にみえる（補色[1]の関係）．pH 7の水溶液では350〜520 nmの範囲の光を吸収し，550 nm以上の光が透過して黄色にみえる．ここで注意したいことは，その分子から赤色や黄色の光が発せられているわけではなく，可視光領域の光が照射され，一部の波長の光が吸収されて，吸収されずに透過した波長領域の光を眼が感知して着色してみえているということである．これらの現象における疑問点を以下に列挙する．

---

1) 補色：　分子が500 nmを中心とした緑色を吸収すると赤色となり，それより短い波長の青色を吸収すると黄色，長い波長の赤色を吸収すると青色となる．それらの関係を補色と呼ぶ．すべての可視光が吸収されなければ無色透明であるが，その全体を白色光と呼ぶ．それは暗闇に太陽光が差し込むと白色にみえるところからきている．

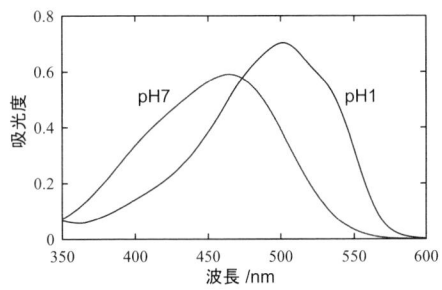

図 2.1 メチルオレンジの吸収スペクトルのpHによる違い

① なぜ pH の変化によりメチルオレンジ分子の色調が変化したのか．

② 分子による電磁波の吸収の起源は何か．あるいは原子でも同様の現象は観察されるのか．

③ 色調の濃淡（つまり透過率や吸光度）は濃度とどのような関係にあるのか．

④ 吸収スペクトルはどのようにして測定するのか．

⑤ 吸収があれば蛍光のような発光も利用できるのではないか．また，光以外にも発光を誘起する方法はないのか．

などである．その一つ一つをこれから解説していく．

b. 分子と光の相互作用

原子は原子核と電子からなり，分子はさまざまな原子が結合して構成されており，その性質や反応性を決めているのは構成元素や構造である．たとえば有機化合物の多くは，炭素，水素，酸素，窒素からなっており，その性質は電子構造に強く依存している．そのような分子に電場の振動成分をもつ電磁波が通過すると，軌道電子は振動する電場に揺すられてエネルギーの高い状態に遷移する．光速で進む電磁波の特徴はその振動数で表されるが，ちょうど紫外・可視領域の光の振動数が分子の結合軌道の電子を励起するのに十分なエネルギーとなる．そして，励起するのに必要な振動数はその電子状態により変化するので，分子種に固有な値となり，逆にその振動数を調べれば分子種を決めることができる．

話を単純化するために二原子分子を考えることとし，そのモースポテンシャル曲線（Morse potential curve）を図 2.2 に示す．これは電子のエネルギー状態の核間距離依存性を示している．基底状態のポテンシャル曲線は，互いに遠くにあるときは原子間に何の相互作用もないが，近づくにつれ結合軌道に電子が入り込み低下する．そしてある核間距離で最小値となりさらに近づくと斥力が働き，ポテンシャルが高くなる．分子は通常はその最低のエネルギー状態で存在することになるが，実際には零点振動があるためそれより少し高いエネルギー $v = 1$ の状態を維持したままさまざまな核間距離をとる．これは振動により結合距離が変化することを意味している．それが分子振動の基底状態であり，その振動モードも量子化されており，いくつかの振動励起状態がある．室温ではほとんどの分子が基底状態にあり，そのときの分子内の核間距離における存在確率も図 2.2 に示されている．

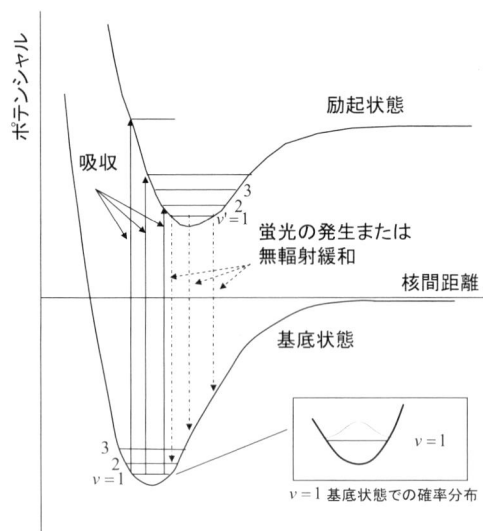

図 2.2 分子のエネルギー状態図（モースポテンシャル曲線）における光の吸収と緩和

　基底状態にある分子の電子は，ある波長領域の電磁波が照射されると高いエネルギー状態に遷移するが，その変化は 10^{-15} 秒程度で起こり振動の周期よりも圧倒的に短い．したがって，光を吸収する際に核間距離を変えることなく，遷移する（フランク-コンドンの原理：Frank-Condon principle）．ただし，遷移するためには励起状態にも受け入れるための分子軌道が必要である．基底状態が結合性軌道であれば，励起状態は反結合性軌道である．図 2.2 に示すように，基底状態の核間距離に比較すると多少長めの位置に谷をもつ励起状態のポテンシャル曲線を描くことができる．基底状態の分子は $v=1$ でさまざまな核間距離をとるため，遷移に必要なエネルギーも連続的な種々の値が存在することになる．それが分子の吸収スペクトルが幅広になる理由である．

　電子励起状態の高い振動準位に励起された分子は速やかに励起状態の基底振動準位に遷移する．それを振動緩和と呼ぶ．その状態にある分子は，2 つのエネルギーの失い方により電子基底状態に戻る（緩和する）．一つは周囲の分子にエネルギーを与えながら（つまり熱を放出して）基底状態に緩和する無輻射遷移であり，ほとんどの分子がこの経路を辿る．一方，励起状態の基底振動準位にある分子が光を発して基底状態に緩和することがあり，その放出した光を蛍光と呼ぶ．蛍光は励起時点から $10^{-9}\sim10^{-6}$ 秒程度で発生し，そのエネルギー差は吸収と同様にさまざまな値をとることになり，スペクトルは幅広となる．図 2.2 から明らかなように，吸収波長に比較してエネルギー差は小さく蛍光波長としては長くなる．その差をストークスシフトという．$\pi\rightarrow\pi^{*}$ 遷移を示す芳香族化合物，アミノ基や水酸基などの電子供与性の置換基がある化合物，構造的に運動の自由度が制限されているような分子や平面構造をとる分子が蛍光性を示す場合が多い．

　以上が紫外・可視光を吸収した分子の励起・緩和過程である．吸収を測定する

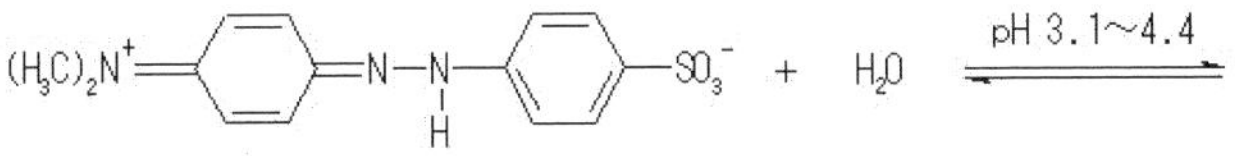

(a) 酸：赤色

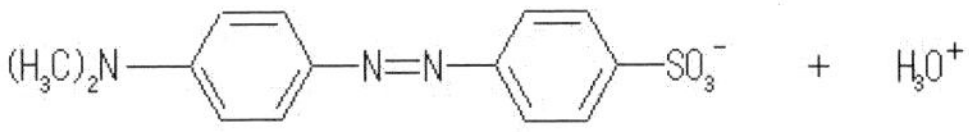

(b) 塩基：黄色

図2.3 メチルオレンジの変色反応（酸解離反応）

方法を吸光光度法，蛍光を測定する方法を蛍光分光法という．pHが1ではメチルオレンジは酸（水素イオン（H^+）を放出する化学種）（図2.3 (a)）であり，pHが7では塩基（H^+を受け取る化学種）（図2.3 (b)）である．水素原子（H）が結合しているか，H^+として放出した状態にあるかで分子の電子状態は変化する．メチルオレンジは，酸型では500 nmを中心とした光を吸収し，塩基型では460 nm付近の光を吸収するというわけである．

COLUMN

無輻射遷移を利用した光熱変換分光法

励起された分子が基底状態に緩和する際には，熱としてエネルギーを放出する無輻射遷移がほとんどである．それを利用した分析法として光熱変換分光法がある．光を吸収後の熱発生によって媒体の熱膨張が起こり，それが弾性波に変換され，その音響波を圧電素子により検出する手法（光音響分光法）や，熱によって周囲の温度が上昇することによる屈折率の変化を別の光の屈折の変化から検出する手法などがある．熱量は光の強度に比例するため光源にレーザー光を用いることができ，吸光光度法と比較して，検出限界は2～3桁改善する．また，そのレーザー光を励起光として光学顕微鏡に導入し，高感度かつ微小領域分析に適用する熱レンズ顕微鏡も開発されている．レーザー光の強度分布は中心になるほど強度が高いガウス分布になっているため，熱分布もそのようになり，あたかも凹レンズのような屈折率勾配ができる．それを熱レンズといい，励起光と異なる波長のプローブ光を用いてその熱レンズによる屈折する割合の変化を検出する．

c. 吸光光度法による定量分析

透過した光の量は，光路長 l や濃度 C がそれぞれ増加すると指数関数的に減少し，式（2.2）のように表される（a は定数）．

$$I = I_0 \exp(-alC) \tag{2.2}$$

これを変形すると式（2.3）になる．

$$A = \log\left(\frac{I_0}{I}\right) = \varepsilon lC \tag{2.3}$$

ここで，比例定数 $\varepsilon = a/\ln 10$ であり，モル吸光係数（単位：$M^{-1} cm^{-1}$，M = mol L^{-1}）といい，分子の光の吸収のしやすさを表す．吸光度 A は濃度と光路長に比例し，それをランベルト–ベール則（Lambert–Beer's law）という．図2.4にその変化の様子を示す．モル吸光係数には波長依存性があり，定量分析には吸光度の最も大きい波長の値を通常用いる．最大モル吸光係数は一般的には 10^3

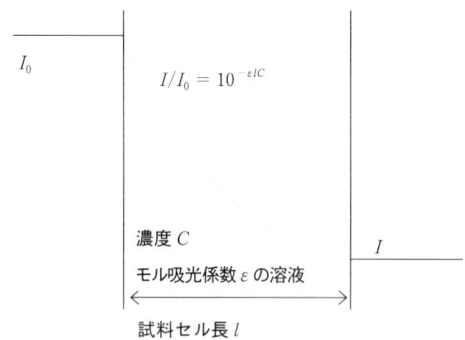

図2.4 試料溶液を通過する光の減衰（ランベルト-ベール則）

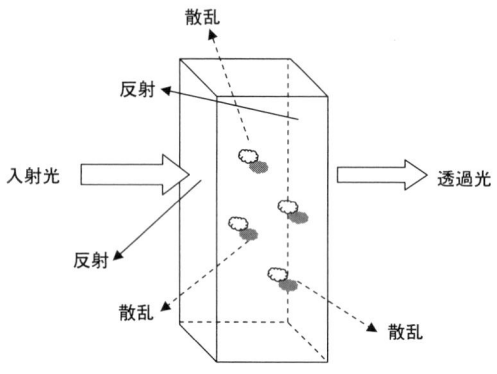

図2.5 試料溶液や試料セルによる入射光の散乱・反射・吸収・透過の様子

〜10^4程度であり，その値が大きいほど濃度あたりの吸光度の変化の度合いが大きくなり，感度は向上する．

吸光度を決める際に実験で測定しているのは光量であり，その強度比を精度よく測定できるのは透過率で0.1〜0.8の範囲（吸光度で0.15〜1）である．たとえば1 cmの光路長でモル吸光係数が5 000 $M^{-1} cm^{-1}$の分子では$3×10^{-5}$〜$2×10^{-4}$ Mの範囲が適正に測定可能な濃度範囲ということになる．

ここで大切なことは，入射光と透過光の光量の差は分子の吸収の寄与によるのみという仮定である．試料内で凝集体が形成し光が散乱すればランベルト-ベール則は適用できない（図2.5）．また，濃度が高くなり会合体を形成するようなことがあれば，b項で述べたように吸収波長は分子の電子状態によって異なるため，スペクトルが変化し比例関係から外れてしまう．

同様に，溶液のpH変化などにより対象分子の化学種が変化すれば，スペクトルが変化しモル吸光係数も変化してしまう．そのような場合，化学種が変化してもモル吸光係数が変化しない波長が現れることがあり，それを等吸収点と呼ぶ．たとえばpHにより酸・塩基の構造変化がある場合，ピーク強度ではなく等吸収点（図2.1の2つのスペクトルの交点）で吸光度測定をすれば化学状態によらずに定量が可能となる．

d. 吸光光度法の適用例

分析可能な分子は紫外・可視光領域に吸収のある分子であり，その対象となる分子種は多い．逆にいえば，多くの分子が紫外・可視光を吸収し，かつ幅広なスペクトルを与えるので素性のわからない試料溶液を測定しても定性分析は困難である．したがって，本法は分子種の定性分析に利用される以外に，錯生成反応を利用した各種イオンの定量分析などに多く利用されている．

金属イオン検出の戦略を述べる．分析目的の金属イオンに配位し，かつ着色する試薬（呈色試薬という）を反応（呈色反応）させ，吸収スペクトルを測定し定量する．よく使用される呈色試薬を表 2.1 に示す．高感度検出ができるように，呈色試薬としては金属イオンが配位した際になるべくモル吸光係数の高い錯体を生成するものが利用される．たとえばポルフィリン錯体[2)]のような分子ではモル吸光係数が $10^5 \text{M}^{-1}\text{cm}^{-1}$ 台となるものもあり，高感度呈色試薬として用いられている．一方で目的の金属イオンのみと選択的に錯生成する配位子は少ない．その場合には前処理として分離が必要である．その方法として，

表 2.1 代表的な呈色試薬

構造	検出化学種（吸収波長）
	UO_2^{2+}（653 nm）
	Fe^{2+}（582 nm），Ni^{2+}（568 nm） Cu^{2+}（566 nm），Co^{3+}（590 nm）
	Cu^{2+}（434 nm）
	Fe^{2+}（558 nm）
	F^-（620 nm）
H_2MoO_4	PO_4^{3-}（700 nm）
	NH_3（635 nm）

- 妨害する金属イオンを沈殿反応や溶媒抽出（第5章参照）を利用して分析対象の溶液系から除く．
- 妨害する金属イオンと大きな生成定数をもつ配位子を反応させ，呈色試薬との反応を妨げる（マスキングという）．
- pH を調整して目的金属イオンとのみ大きな生成定数をもつ条件で呈色させる．

などがあげられる．

ここでは，アルミニウム（Al）試料中に含まれる不純物の鉄（Fe）の定量法の例をあげる．精確にアルミニウム試料を秤量し，塩酸（HCl）を少量加えながら加熱溶解させる．塩化ヒドロキシルアンモニウム溶液を加えすべての Fe を Fe^{2+} に還元する．そして大過剰の 1,10-フェナントロリン溶液を加え，pH 4.7 の緩衝液を添加しよく攪拌し，錯生成とともに赤橙色に呈色させ，吸光度から定量する．Fe^{2+}-フェナントロリン錯体（図2.6）のモル吸光係数は 510 nm で $1.11 \times 10^4\ M^{-1}\ cm^{-1}$ であり，錯生成定数（第3章参照）も $10^{21.6}$ と非常に大きく，ppm レベルの検出が可能である．

このような錯イオンの呈色反応を利用して錯体の組成比を決定することもできる．金属イオン濃度を一定にして，配位子の濃度を変化させた溶液を調製し，吸光度の濃度依存性を測定すれば，そのモル比が組成比と一致したところで折点が現れることを利用する．これをモル比法という．また，吸光度の配位子/金属イオンのモル分率依存性を測定すれば，最大吸光度を与えるモル分率を求めることができ，組成比が決定できる．これを連続変化法という．

陰イオンの定量にも同様に特異的に反応して呈色する反応系が利用される．たとえばリン酸イオン（PO_4^{3-}）は酸性溶液中でモリブデン酸（H_2MoO_4）と反応し，生成したリンモリブデン酸錯体を還元すると濃い青色の錯体が生成される．700 nm 付近の吸光度の変化を測定すれば，リン酸イオンを数十 ppm の低濃度まで定量できる．

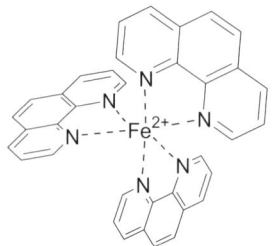

図 2.6　Fe^{2+}-フェナントロリン錯体の構造

2）ポルフィリン錯体： ピロールが4個からなる環状構造をもつ有機化合物である．中心部にある窒素原子（N）がさまざまな金属イオンと結合して錯体を形成する．一般的には 400～500 nm の間に吸収があり，モル吸光係数は $10^5\ M^{-1}\ cm^{-1}$ と非常に大きい錯体もあり，高感度呈色試薬として用いられている．

2.2 蛍光分光法

a. 蛍光スペクトルによる定量分析

蛍光分光法においては2種類のスペクトルが得られる．一つは，励起する波長を固定して試料に照射し，蛍光強度の波長依存性を測定する蛍光スペクトルである．もう一つは，励起波長を変化させ，ある蛍光波長の強度変化を測定する励起スペクトルである．励起スペクトルは吸収スペクトルと同じになる場合もあるが，蛍光波長が吸収波長のピーク値に重なっていると異なったものとなる．

たとえば，アントラセンは紫外線を照射すると青白い蛍光を発する．蛍光スペクトル（359 nm 励起）と励起スペクトル（404 nm で検出）を図 2.7 に示す．ある波長を中心に対称（線関係）のスペクトルになっており，スペクトル内の微細構造（吸収や発光強度の変化）は振動準位を表している．理想的には両者は鏡像関係にあるが，基底状態と励起状態では振動準位差が異なる場合が多く，必ずしもそうならない．

蛍光強度は吸収した光の強度に比例する．その比例係数として量子収率 ϕ [3] が定義される．吸収された光の強度 $I_0 - I$ は，

$$I_0 - I = I_0[1 - \exp(-alC)] \tag{2.4}$$

となる．蛍光強度 F は，

$$F = \phi I_0[1 - \exp(-alC)] \tag{2.5}$$

となり，上記の式で alC が小さい（0.01 以下）場合には次の近似が成り立つ．

$$\exp(-alC) = 1 - alC \tag{2.6}$$

ここで，$a = \varepsilon \ln 10$ であるから

$$F = 2.303 \phi I_0 \varepsilon l C \tag{2.7}$$

となり，希薄溶液では蛍光強度と濃度が比例することから定量できる．

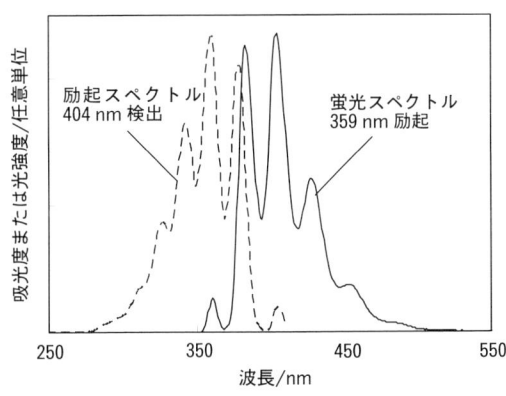

図 2.7 アントラセンの励起スペクトルと蛍光スペクトル

---

3) 量子収率： 吸収された光がどの程度生成物（この場合，蛍光）の生成に寄与するかを示す尺度である．蛍光が発生しても，量子収率はほとんどが 0.1 以下であるが，フルオレセインのように 0.92 といった高いものもある．

蛍光を発する分子で吸光光度法と蛍光分光法を比較した場合，蛍光を測定した方が検出限界が低い．吸光光度法では入射光の強度を高くしても検出限界の改善は期待できないが，蛍光法では式（2.7）にあるように蛍光強度は向上する．吸光光度法は入射光強度と透過光強度の比をとるのに対し，蛍光分光法は全く光のない状態において目的分子から発する光を検出するからである．さらに迷光などによるバックグラウンドを抑制することが重要である．星はいつでも輝いているのに，昼間は太陽光が強すぎるため観測できないが，周囲が暗くなる夜には観測できることと似ている．

蛍光測定で注意したいのは，蛍光分子であったものが，ある状態になると蛍光を発しなくなる消光という現象である．同じ分子に光を照射し続けたり，濃度が高くなると消光してしまう（失活ともいう）．また，共存物質として酸素や常磁性金属イオンが存在すると消光する．その原因として，共存物質が一重項励起状態にある分子の三重項励起状態への遷移を促し無輻射遷移して緩和することによると考えられているが，詳細は不明な部分も多い．

b. 蛍光スペクトルの応用例

蛍光分子の種類自体はそれほど多くはない．したがってそれ自体の濃度の検出のみでは応用先は限られる．そこで，目的分子に蛍光分子を付加して（化学修飾して），間接的に定量することが多い．その一つが蛍光分子の生成量とその蛍光強度が比例することを利用する場合である．

清涼飲料水に含まれるビタミン B_1 の定量の例を示す．ビタミン B_1（チアミン塩）はそのままでは蛍光を発しないが，チオクロームに酸化することにより蛍光を発するようになる（図 2.8）．実験操作としては，清涼飲料水を pH 4.5 の緩衝液で希釈し，1%ヘキサシアノ鉄(III)酸カリウム溶液と30% NaOH 水溶液の混合液を添加し，酸化する．そこにイソブチルアルコールを加えて振とうし，水相が着色していないことを確認し，有機相にチオクロームを抽出する．最後に脱水のために有機相に無水硫酸ナトリウムを少量加え有機相を沪過した後，沪液の蛍

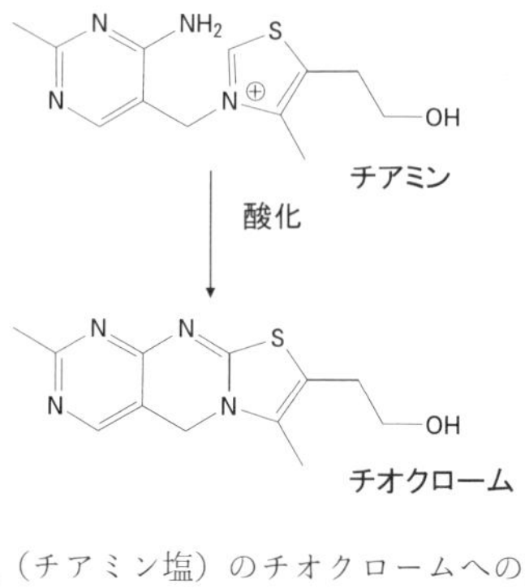

図 2.8 ビタミン B_1（チアミン塩）のチオクロームへの酸化反応

4）プローブ試薬とラベル化試薬： 生体高分子や周囲の溶媒との相互作用によりそれらの構造に関しての情報を与えるものを蛍光性プローブ試薬と呼ぶ．一方で試薬自体が蛍光性でそれを分析対象分子と結合させて検出する試薬を蛍光ラベル化（標識）試薬，分析対象分子と反応させて初めて蛍光性になるものを蛍光誘導体化試薬という．

光強度を測定して定量する．

　もう一つは，蛍光の発生機構を利用した物性研究のプローブ試薬[4]としての利用法がある．蛍光分子が置かれている環境により蛍光特性が変化するようなものを使えば，蛍光分子のまわりの液性や分子の運動性・分子間距離・配向などの構造情報を得ることができる．1-アニリノナフタレン-8-スルホン酸（ANS）は水溶液中では蛍光を示さないが，有機溶媒などの疎水性の環境になると蛍光強度が数百倍に増加する．ジフェニルヘキサトリエンは，生体膜に溶け込んで蛍光を発することから，生体膜の流動性のプローブとして有効である．

　近年，タンパク質，核酸，生体膜などの生体機能を分析するための蛍光分子が多く開発されている．目的物質に蛍光分子をラベル化し，その分子の存在挙動を調べることができる．Fura-2はCa^{2+}と選択的に錯生成するグリコールエーテルジアミン四酢酸（EGTA）に蛍光分子を共有結合した蛍光分子である．Ca^{2+}との結合により蛍光波長や強度が変化することから，細胞内のメッセンジャーとして重要なCa^{2+}の濃度測定が可能となった．また，緑色蛍光タンパク質（green fluorescent protein：GFP）が単離され，遺伝子工学的に望みのタンパク質にGFPを標識して細胞内の特定タンパク質の局在化の測定に利用されている．外から蛍光分子を導入する際の細胞への毒性を考慮する必要がないため，細胞生物学で広く応用されている．

COLUMN

蛍光物質抽出でノーベル化学賞

　緑色蛍光タンパク質（GFP）とは，生体が利用する発光物質の一つであり，1960年代にオワンクラゲから発光物質として抽出されてからしばらく注目されていなかったが，1990年以降，急激に生命科学の発展に貢献している蛍光物質である．発見された当初は，アミノ酸は蛍光発色団をもたないにもかかわらず，なぜタンパク質が蛍光を発するのかという発光機構に焦点が当てられた．ペプチド結合に新しい結合ができ，π電子系5員環構造が現れることでGFPは青色の光を吸収し，緑色の蛍光を発することが明らかにされた．その後，GFPの遺伝子を生体や細胞内で観測したいタンパク質の遺伝子に結合させ，特定のタンパク質をGFPで標識させて細胞内で合成する技術により，従来法ではわからなかった組織や細胞内のタンパク質の場所を，生かしたまま調べることができる革新的なタンパク質可視化技術が確立された．GFPの発見者である下村　脩博士，GFPの蛍光プローブとしての利用価値を生命科学分野に根づかせたMartin Chalfie博士，Roger Tsien博士の3名が2008年にノーベル化学賞を受賞した．

2.3　分子スペクトル測定装置

　吸収・蛍光スペクトルを測定するのに必要なものは，入射光源であるランプ，試料溶液および試料セル（容器），白色光（連続した幅広い領域の波長を含む光）を波長ごとに分ける分光器，光量を検出する検出器，検出器からの電気信号を処理する電気回路および記録計である．吸収スペクトル測定では，光源，分光器，試料（セル），検出器という構成になり（図2.9（a）），入射光の透過光を180°

方向から検出する．蛍光スペクトル測定では，光源，分光器，試料（セル），分光器，検出器となり，入射光と蛍光検出の位置関係は90°方向になる．これはなるべく入射光が検出光に混入しないようにするためである（図2.9（b））．

　紫外・可視光を1つの光源で発生させることは難しい．可視光の発生にはタングステンランプ，ハロゲンランプあるいはキセノンランプが使われ，紫外光領域では重水素ランプが用いられる．それら2種類のランプを搭載した装置では350 nm 付近でランプが切り替わるようになっている．

　試料セルは光を吸収したり散乱したりしないように，光学研磨（凹凸が波長の1/10以下）されたガラスセルを用いる．紫外光領域を測定する場合には石英ガラスが用いられる．蛍光スペクトル測定ではわずかに含まれる不純物がバックグラウンドとなるため，セル材質の純度が重要である．通常は光路長1 cm のものが使われる．反応の進行とともに化学種の変化が測定できるように各種反応を可能とするような構造をもったセルや冷却などの温度変化が可能なセルなどがある．

　スペクトル測定では光強度の波長依存性を測定する．光検出器は光強度のみを測定するので，その前に分光器を置いて特定の波長の光のみが検出器に到達するようにスリットを設置する．分光器には，屈折率の波長依存性を利用するものや干渉作用を利用したものがある．前者の代表例はプリズムである．太陽光をプリズムに通すと虹色に分かれてみえることを経験したと思う．可視光領域では波長の短いものほど屈折するため，白色光を波長ごとに空間的に分離できる．ただしこの方法は現在ほとんど利用されてはおらず，以下の回折現象を利用した分光が主流である．

　規則的に溝を作製した回折格子（溝の周期がd）では光の反射が起こると，波の干渉作用により複数の光の光路差が波長λの整数倍になるときに強め合う．

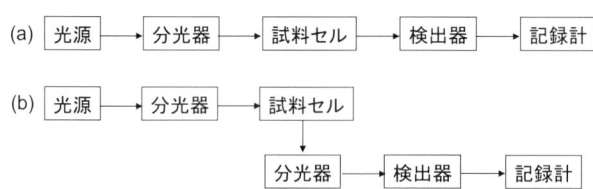

図 2.9　（a）吸光光度計と（b）蛍光光度計の構成図

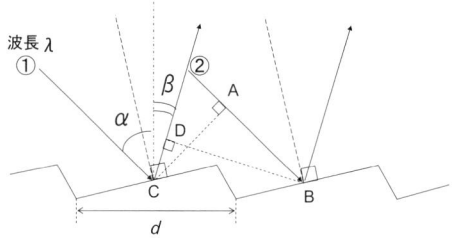

図 2.10　回折格子による分光の原理図

コンパクトディスクの裏面（ラベルが貼られていない面）を斜めからみるとさまざまな色が反射されてみえるのは，その原理による．図2.10において光①と光②の光路差はAB−CDであるから，式（2.8）を満たす波長の光のみが反射されることになる．

$$d(\sin\alpha + \sin\beta) = n\lambda \quad (n = 1, 2, 3, \cdots) \tag{2.8}$$

回折格子を回転させると出射角 β（符号は負）を変化させることになり，反射する光の波長を変化させることができる．溝の周期が短くなればなるほど波長分解能は向上するが，走査できる波長範囲は狭くなる．また，スリットの幅を狭くしても分解能は向上するが，感度は低下する．

分光された光はスリットを通して検出器に入射される．検出器としては光電子増倍管やフォトダイオードが使われ，光強度に比例した電流が得られる．光電子増倍管は図2.11のような構造をしている．光が光電面に照射されると光電効果により電子が真空管中に飛び出す．その電子は加速され電極金属表面に衝突し，複数個の電子を発生させる．10段以上の電極により衝突・発生が繰り返されることにより 10^6 倍程度に電子は増幅され，信号として取り出せる程度の電荷量になる．それを電圧信号に変換して電気信号として処理する．フォトダイオードではSiなどの半導体の空乏層に光が照射されると電子・正孔対が形成され，入射光量に応じた電流が得られることを利用している．どちらの場合にも検出器の感度（光子1個あたりの出力値）には波長依存性があり，補正が必要である．検出器からの電気信号は透過率あるいは吸光度に換算され，記録計に出力される．

吸光光度法ではランプからの発光強度の波長依存性，試料の溶媒の影響，検出器の効率などを補正するために，溶媒のみが入ったセルを使い透過した光の強度を I_0 とし，試料溶液を透過した光の強度を I としてその比をとるのが有効であり，ダブルビーム法と呼ばれている．蛍光分光法でも光源の波長による発光強度の違いなどについて考慮できるように励起光強度を測定し，補正している．

最近の装置では，光源の切り替え，分光器における回折格子の回転動作，検出器からの信号処理，スペクトルのプロットなどスペクトルを得るための処理をすべてコンピュータで制御している．

蛍光分光法では光源を光学顕微鏡に取りつけ，発生した蛍光を対物レンズで結像することにより，照射領域での分子の存在位置の2次元イメージングが測定

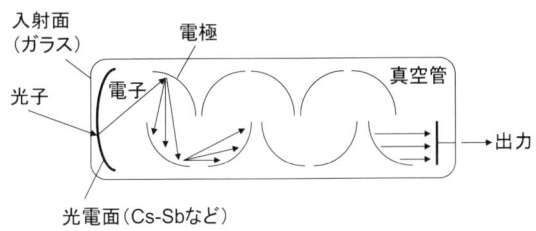

図2.11　光電子増倍管の構成図

できる．さらに励起光源としてレーザー[5]光を用いると照射領域にたった1個しかない蛍光分子の計測さえ可能となっている．

COLUMN

光学顕微鏡と分光分析

光を利用した分光法を微小領域の観察に適用するために，光学顕微鏡がしばしば用いられる．この場合，対物レンズにより励起光を集光，あるいは試料からの発光を集光して結像する．特に蛍光分光法での利用が多い．共焦点レーザー蛍光顕微鏡では，入射と結像の焦点位置を同一とすることによりサブマイクロメートルの空間分解能を達成している．全反射型蛍光顕微鏡では，光が物質を通過するときの屈折率の差を利用して，入射光を対物レンズにより広角度で入射しスライドガラス表面で全反射させる．表面に局在化したエバネッセント光によりガラス表面に局在する分子のみを励起して，その蛍光像を得る．たとえば，細胞表面の目的分子の挙動観察に利用されている．光は波の性質から集光しても回折限界（0.6×波長／レンズの開口数）の制限を受け，それ以上の空間分解能（2つの離れた物体を区別可能な最短距離）を得ることはできない．500 nmの可視光で開口数1.3のレンズを用いたとすると，回折限界は230 nmとなる．ただし最近ではその回折限界を克服し，100 nm以下の空間分解能をもつ近接場走査型光学顕微鏡や多光子励起蛍光顕微鏡などが開発されている．

2.4 化学発光分光法

分子の励起には蛍光のような光のみならず，熱や電場，そして化学反応が利用できる．ここでは，化学反応で生成した励起状態の活性分子からの発光を利用する化学発光分光法について述べる．図2.12に示すように，酸化反応などの発熱反応において励起状態の活性分子から直接基底状態の生成物へ遷移する際，あるいは共存する蛍光分子に電荷移動する際に発光が観測される．たとえば，一酸化窒素（NO）がオゾン（O_3）と反応して生成する励起状態の二酸化窒素（NO_2）は，400 nmを最大発光波長とする幅広い発光スペクトルを与える．その発光量の検出により大気中の含窒素酸化物の定量ができる．ルミノールは金属イオンを触媒として過酸化水素（H_2O_2）により3-アミノフタル酸に酸化される際に425 nmを中心とした化学発光がみられる（図2.13）．そこで，この反応はその触媒となるCo^{2+}，Fe^{3+}，Mn^{2+}などを定量するのに利用されている．

化学発光を示す反応系における発光収率は10^{-6}以下と非常に低いが，ルミノール，シュウ酸ジエステル類などの代表的な化学発光試薬を用いた反応では0.02〜0.3と高い．発光量から定量するが，化学反応を利用するため発光の強度や反応速度に応じて測定法は異なる．発光が強い場合にはその極大発光強度を，弱い場合にはある時間範囲の全発光量を用いて定量する．

本法の特徴は高い感度である．励起には光を用いないことから散乱光や迷光と

---

[5] レーザー： 蛍光分光法のように光源強度を強くすることにより感度の向上が期待できる分光手法がある．そこで単一波長で高輝度なレーザーが用いられることが多くなっている．レーザーは高感度分析や局所分析，時間分解分析に利用でき，分析化学にとっても必要不可欠な光源となっている．

2.5 原子スペクトル

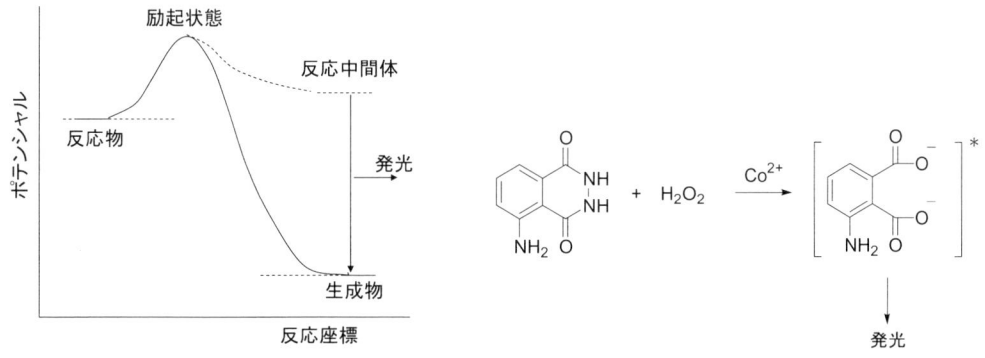

図 2.12 化学発光の原理図　　　**図 2.13** ルミノール反応による化学発光

いったバックグラウンドを引き起こす要因がなく，蛍光分光法よりもさらに高感度な分析法となる．化学発光を示す反応系が少ないという欠点は，蛍光法と同様に化学発光試薬の誘導体化やラベル化，共存イオンによる発光収率の変化を利用するなどして克服することができる．

測定装置は，試料および試薬導入部とその反応部，光検出部があればよいので非常に単純である．その簡便さから，クロマトグラフィー（第5章参照）や試料溶液を細いチューブの中で反応させながら分析するフローインジェクション分析法の検出法として使われることがある．本法は選択性に劣るという欠点があるが，あらかじめ化学成分を分離する機構があれば，検出部が小型化可能であり，試料採取場での分析法（オンサイト分析法）としても有用である．

2.5 原子スペクトル

これまで液体中の分子や分子イオンによる光の吸収，蛍光，発光を述べた．次に，液体中に含まれている元素の定性・定量分析を考えてみる．原子も分子同様に元素によって特定の波長の光を吸収したり，発光したりするので，その現象を検出に利用することができる．高速道路の街灯が黄色なのはナトリウム（Na）の発光（589.0 nm, 589.6 nm）によるものであり，太陽からの連続光の中で観測される数百本にのぼる暗線[6]は，太陽大気層における原子やイオンによる吸収である．炎色反応は，金属イオンを含む溶液をガスバーナーの炎に挿入すると金属種特有の色が発光する現象である．それは原子スペクトルの一種であり，高感度な元素分析法として利用されている．

原子を構成する電子はパウリの排他律（Pauli exclusion principle）とフント則（Hund's rule）に従って原子軌道を埋めている．その量子化された原子軌道のエネルギー準位は元素によって固有である．炎色反応ではガスバーナーの炎の

---

[6] 暗線：太陽光の可視光スペクトルの中に多くの暗線が現れることが Fraunhofer によって発見された．これは太陽周囲の彩層中の H, He, Na, Ca, Fe などの原子やイオンによる吸収によるものである．

中で金属イオンは原子蒸気になり，熱エネルギーにより励起状態に遷移し，ただちに基底状態に緩和する．その際に発光する光の波長から原子軌道間のエネルギー差を求め，元素を同定できる．また，その強度から定量分析ができる．この熱励起による発光では温度が低いため適用元素が限られる．そこで，フレーム（炎）や電気加熱を利用して原子化し吸収スペクトルを得る原子吸光法（atomic absorption spectroscopy：AAS）と，プラズマ（電離気体）中で原子化・イオン化・励起し，その発光を観測する誘導結合プラズマ発光分光法（inductively-coupled plasma atomic emission spectroscopy：ICP-AES）が開発された．それらの手法による代表的な元素の検出限界を表 2.2 に示す．両方法とも非常に高感度な分析法であることがわかる．

原子による光吸収を観測するためには，原子の基底状態と励起状態の原子数（それぞれ N と N^*）の差が問題となり，それが感度を決める．ある温度 T におけるそれらの原子数の比はマクスウェル-ボルツマン分布（Maxwell-Boltzmann distribution）[7]から，

$$\frac{N^*}{N} = \frac{g^*}{g}\exp\left(-\frac{\Delta E}{kT}\right) \tag{2.9}$$

となる．ここでは ΔE は基底状態と励起状態のエネルギー差，g は頻度因子，k はボルツマン定数（Boltzmann constant）である．温度 T において 1 つの原子が受ける熱エネルギーは kT だから室温では 23 meV となる．原子の最外殻電子の励起には波長数百 nm の光が必要であり 3 eV 程度となる．AAS でフレーム

表 2.2 原子吸光法（AAS）（黒鉛炉加熱），誘導結合プラズマ発光分光法（ICP-AES），誘導結合プラズマ質量分析法（ICP-MS）における代表的元素の検出限界の比較（単位：ng g^{-1}）

元素	AAS	ICP-AES	ICP-MS
Ag	0.01	1	0.001
As	0.004*	0.8	0.001
Au	0.24	3	0.0005
Ca	0.02	0.1	0.1
Cd	0.004	1	0.001
Fe	0.06	0.8	0.08
Na	0.001	2	0.003
Pb	0.08*	1	0.002
U	20	50	0.0002
Zn	0.006	1	0.002

*：水素化物生成法による．
河口広司・中原武利：プラズマイオン源質量分析，学会出版センター（1994）により作成．

7）マクスウェル-ボルツマン分布： 基底状態と励起状態の原子数の比はその分析手法の感度を決める重要な因子である．吸収法では，原子数比が 1 になると吸収が飽和してしまうため，感度は励起状態と基底状態の原子数の差となる．したがって，エネルギー差が小さいラジオ波を用いた核磁気共鳴吸収では，原子数の比は 1 000 000：999 999 となるため感度は悪い．測定に多量の試料が必要なのはそのためである．

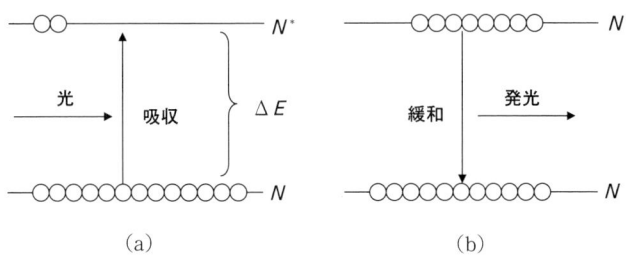

図 2.14 原子の基底状態と励起状態における状態数の分布と光の吸収と発光の関係
(a) 3 000 K, (b) 8 000 K.

や電気加熱で得られる 3 000 K では，式 (2.9) からその比 N^*/N は e^{-10} 程度となり，原子のほとんどが基底状態にあることがわかり，強い吸収が観測されることになる（図 2.14 (a)）．逆に発光を観測する場合には，少なくとも 6 000 K 程度のエネルギーを与えないと励起状態での存在確率が小さく，高感度な分析にはならない．炎色反応はアルカリ金属やアルカリ土類金属のように ΔE が小さい場合は励起できるが，多くの金属では適用できない．そこで ICP–AES では，効率よく励起するためにプラズマという電離気体を励起源として用いている．プラズマ中の電子は 8 000 K 程度の高い温度状態で運動しており，原子はそのエネルギーを受け取ることにより励起状態に遷移し，発光する（図 2.14 (b)）．通常の熱源で 8 000 K を得ることは困難であるが，プラズマ中では容易であり閉じ込められた空間でそのような高温状態を形成することができるために高感度な分析法となる．

2.6 原子吸光法

a. 原　　理

　原子の最外殻軌道電子の励起による光の吸収を観測する分析法を原子吸光法（AAS）という．測定対象は金属および半金属元素であり，非金属元素は吸収波長が真空紫外域（10～180 nm）となるため，測定は困難である．吸光光度法と同様に，ランベルト–ベール則に従うことから定量が可能となる．元素種により固有の吸収波長をもつが，分子スペクトル測定と同様に光源からの白色光を分光して照射しても，原子吸光を測定することは難しい．それは分光された光の線幅（0.1 nm 程度）よりも原子の準位の幅（0.001 nm 以下）が非常に狭いためである．つまり，図 2.15 に示すように吸収する光の波長範囲よりも照射する光の波長範囲が数十倍も広いことになり，その中のわずかな波長範囲で光量が変化しても検出が困難なためである．したがって目的元素の吸収線と全く同じ波長で同じ線幅の光を発生する光源を用いる必要があり，測定元素ごとに光源の種類を変えることになる．それは，AAS では定性分析は難しく，定量分析が主体となることを意味している．

　分子スペクトル法とのもう一つの違いは，溶液試料を高温に加熱して化合物を

解離し，原子化することである（図 2.16）．熱源として炎を使う場合はフレーム AAS と呼び，閉鎖系の電気炉中で加熱する場合をフレームレス AAS と呼ぶ．

b. 測定装置

光源として求められることは，線幅の狭い輝線を発することであり，そのため，放電により原子を励起してその発光線を利用する．それが中空陰極ランプである（図 2.17）．低圧のアルゴン（Ar）またはネオン（Ne）の気体が封入されており，電極は目的元素の純金属や合金からなる．放電により希ガスがイオン化され陰極に衝突し，目的原子が叩き出される（スパッタリングと呼ぶ）．その原子が放電ガス中の電子やイオンと衝突し励起され，基底状態に戻るときにその元素に固有の発光線を発する．

発光線が通過する場所には試料溶液を原子化する機構が備えられる．原子化方法の一つとしてフレーム（炎）の利用がある（図 2.18）．最も一般的な構造は，燃焼ガスである燃料ガスと助燃ガスを燃焼前に十分混合し，約 10 cm 長のバーナーで燃焼するものである．温度を低下する原因にもなる粒径の大きなものはドレインを通じて除去され，微細な霧状になったもののみがバーナーに導入される

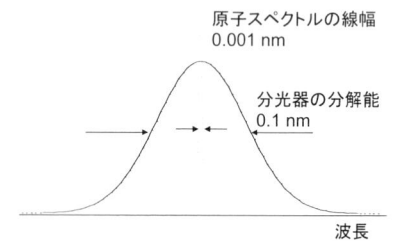

図 2.15 分光器のエネルギー分解能と原子スペクトルの線幅の関係

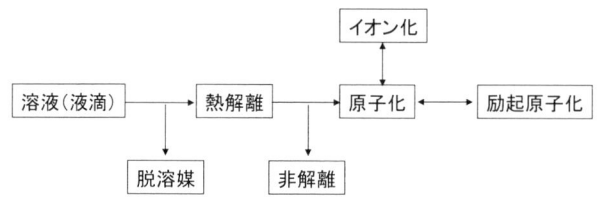

図 2.16 溶液からの原子化過程

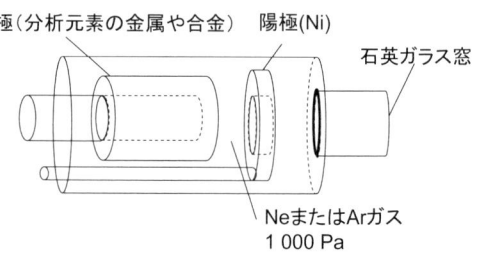

図 2.17 中空陰極管ランプの構造

ようになっている．燃焼ガスとしては空気-アセチレン（2 600 K），一酸化二窒素-アセチレン（3 100 K）などがあり，フレーム温度により原子化できる元素が決まる．

フレーム法は，簡便であるため最も広く使われているが，常時試料溶液が導入されるためその大部分は分析に使われておらず，損失が大きい．高感度化のためには試料溶液からの蒸気のすべてを光路中に閉じ込めることが望ましい．それがフレームレス法の代表である黒鉛炉電気加熱である（図 2.19）．黒鉛管に数十 μL の試料溶液を導入する．最初に 400 K 程度で試料中の水などの低沸点の溶媒を蒸発（乾燥），数百 K で高沸点の溶媒の蒸発や有機共存物の分解（灰化），測定時には 2 300 K 以上に急激に温度を上昇させ原子化を達成し，瞬間的な原子吸光を観測する．原子化する効率の向上と狭い炉内での高密度の原子蒸気の存在により，フレーム法と比較して 2～3 桁，検出感度が向上する．

ヒ素，セレン，スズなどでは単に試料溶液を原子化するのみでは感度が低い．そこで溶液中で還元させて気体状の水素化物を生成させる水素化物発生法がある．たとえば，還元性のテトラヒドロホウ酸ナトリウム（NaBH$_4$）と HCl の混合液を添加して，各金属元素と水素化物を生成させる．その後，生成した水素化物を直接あるいは捕集後，フレームや黒鉛炉に導入する．それにより検出限界は大きく（3～4 桁）改善される．

原子化部を通過した光は，分光器により目的波長だけ取り出し，光電子増倍管などの光検出器で強度変化を測定する．中空陰極ランプからもさまざまな輝線が発生し，フレームなどの原子化部からもバックグラウンド発光があるので，分光器は必要である．吸光光度法と同様にフレームや黒鉛炉を通過した光の強度と参照光との強度比を測定して吸光度を記録する．

c. 干　　渉

a 項で述べた原理により定量するに当たって，いくつかの問題点がある．まず，原子化された気相において試料溶液に含まれる原子組成と光路（入射する光の通過領域）に導入される原子組成が同じであるという保証がない．また，溶液の物性によりフレームへの単位時間あたりの導入量が異なることがあり，それにより信号強度が変化してしまう．このように，共存する物質や溶液の物性により

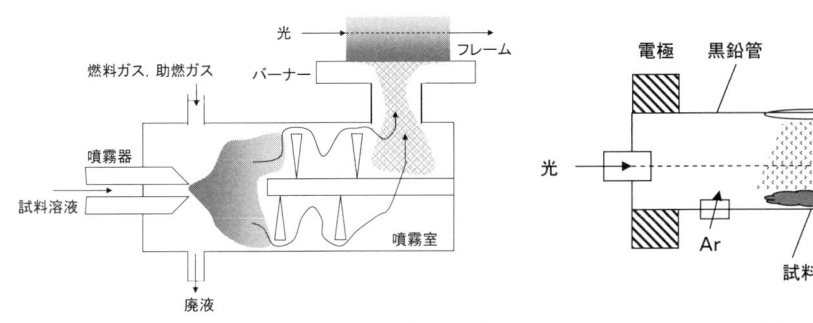

図 2.18　フレーム原子吸光装置の原子化部の模式図

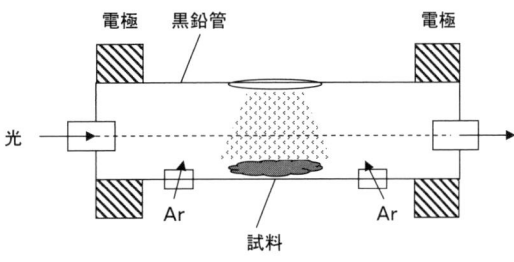

図 2.19　黒鉛炉の原子化部の模式図

目的成分の定量を阻害する要因を干渉と呼ぶ．定量の際には以下に示した4種類の干渉を考慮することが必要である．

① 物理干渉： 試料溶液は細い管を通じて噴霧してフレームに導入されるが，その導入量は粘性や密度，表面張力などの物理的物性に依存する．標準溶液と試料溶液の信号強度を比較するためには，単位時間あたりの導入量が等しくなるようにすることが必要である．このような溶液の物性により導入量が変化し，定量値に影響を与えることを物理干渉と呼ぶ．

② 化学干渉： 原子スペクトルの観測には孤立した原子やイオンに解離する必要がある．原子化の過程で共存成分と反応して難分解性や高融点化合物を生成し，原子化を阻害することがある．それによる信号値の低下を化学干渉と呼ぶ．これはフレームの温度が3 000 K程度と低いAASではしばしば問題となる．問題となる成分を除去することにより抑制することができる．

③ イオン化干渉： 原子状に解離する場合にアルカリ金属のようにイオン化しやすい元素があると，その平衡が変化してしまう．系の中では中性を維持しようとするので，イオンが多くできていると逆に共存する原子のイオン化が抑制される．つまり共存元素の量により原子とイオンの存在比が異なってしまい，信号強度が変化することになる．そのような存在比の変化は定量値に影響を与え，それをイオン化干渉と呼ぶ．

④ 分光干渉： 線幅の狭い原子スペクトルであるが，波長が非常に近いスペクトル線をもつ共存元素があるとピークが重なり定量値に影響を与える．それを分光干渉と呼ぶ．ただし，数本の輝線（原子線やイオン線[8]）があるので，干渉しない波長を選択することにより，分光干渉を回避できる．

2.7 誘導結合プラズマ発光分光法

原子からの発光を利用した分析法として誘導結合プラズマ発光分光法（ICP-AES）がある．プラズマ中では8 000 K以上の温度が実現され，原子およびイオンは熱的に励起状態に遷移し，基底状態に戻るときに発光する．その波長は元素によって固有であることから，定性分析ができ，その強度から定量できる．高感度化のためには高い温度状態の実現，光の自己吸収の低減，原子化部分の高密度化が求められる．これらを実現した構造が図2.20に示したものである．高周波磁界が誘起された領域に設置された石英管内にArガス（一部イオン化）が導入されると電磁誘導により次々と電子やAr$^+$が生成しプラズマ状態（5 000〜10 000 K）が生成し青白い光を発する．この場合，プラズマの中心部よりも周囲で温度が高い状態となっている．その中心部に試料溶液が噴霧されて効率よく

8）原子線とイオン線： ICPにおいては原子とイオンが生成することから発光線にも原子線とイオン線が現れ，その帰属を示す際には，元素記号の後にIとIIをそれぞれつける．一般的にイオン線の強度の方がかなり高いため，定量にはイオン線が用いられることが多い．

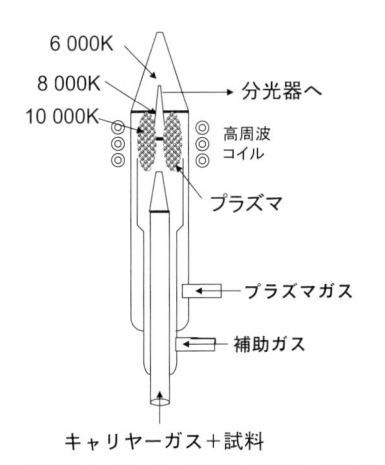

図 2.20 誘導結合プラズマ発光分光法のプラズマトーチの構造と温度

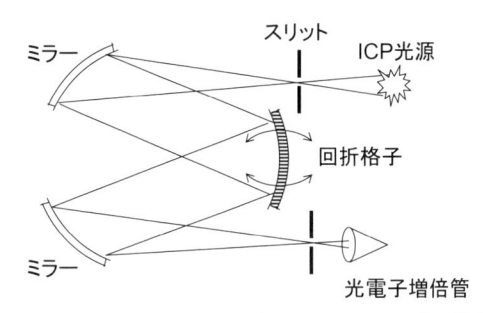

図 2.21 誘導結合プラズマ発光分光法における装置構成図（シーケンシャル型分光器）

導入され，原子化およびイオン化が起こり励起される．多くの場合，原子発光スペクトルよりもイオン発光スペクトルの方が強度が高い．中心部よりもプラズマ周囲の温度が高いため，発光線を自己吸収する割合も低くなる．発光スペクトルは回折格子により分光されるが，波長分解能を高くするために，焦点距離が長いものが用いられる．分光および検出には，回折格子を回転させながら反射角を変化させて検出するシーケンシャル型（図 2.21）か，回折・反射された位置に多数の検出器や位置分解能をもつ検出器を設置するマルチ型がある．後者では，一度に多元素分析ができるため，迅速，かつ試料量も少なく済むという利点がある．

以上のような発光源の特徴から，本法は以下のような特徴をもつ．

- 多元素の定性・定量分析が可能であり，また同時に分析できる．
- AAS に比較してダイナミックレンジが広い（ppb〜ppm）．
- 励起温度が高いために化学干渉がない．
- 高密度電子状態であるためイオン化干渉もない．

2.8 誘導結合プラズマ質量分析法

ICP 中ではイオン化が 90％以上誘起されるため，イオンの質量を測定する分析手法があり，誘導結合プラズマ質量分析法（ICP–mass spectrometry：ICP-MS）と呼ばれる．気相中で電荷をもつイオンになっていると，磁場や電場を利用して質量分析（厳密には質量/電荷比）ができる．ICP から発生したイオンを高真空雰囲気（10^{-4} Pa 以下）に引き出し，四重極型質量分析計で質量を測定する（図 2.22）．一般に質量分析ではバックグラウンドが低いことと高感度なイオン検出器があることから，ICP-AES に比較して検出限界が 3 桁ほど改善する．

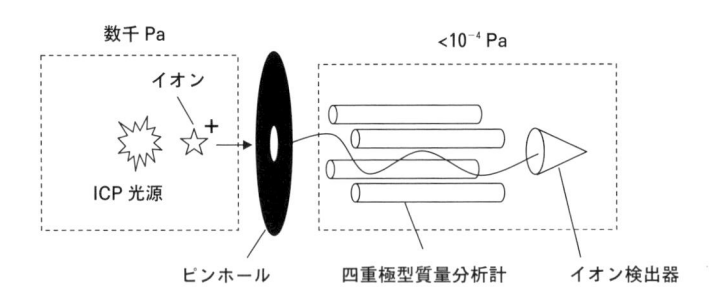

図 2.22　誘導結合プラズマ質量分析法における四重極型質量分析計の構成図

2.9　極微量分析

これらの原子スペクトル法を学ぶと，試料を溶解することができれば，主成分から微量成分まで簡単に分析できると思われるかもしれない．一般的には，フレーム AAS，ICP-AES，フレームレス（黒鉛炉電気加熱）AAS，ICP-MS の順番に1桁ずつ検出限界は改善している．しかしながら極微量分析はそう簡単ではない．主成分によるピークが微量成分からの発光・吸収波長や質量と重なると分光干渉などが起こり，定量の妨げになる．海水など塩濃度が高い試料や粘性の高い試料では装置への試料導入時に目詰まりなどの物理干渉を引き起こす．したがって微量分析には，主成分や妨害成分を溶媒抽出法（第5章参照）や固相抽出法などで取り除くといった分離・濃縮のための前処理が欠かせない．

　その他，極微量分析で考慮すべきこととして，ガラス器具の壁面の汚れがある．汚れに含まれる金属イオンによる測定対象イオンの過大評価や逆に吸着による過小評価など，ガラス器具表面の洗浄や試料回収には神経を使う必要がある．ICP-MS 用に不純物金属の少ない高純度試薬[9]も市販されている．また，測定環境や使用する薬品の純度も考えなければならない．ICP-MS ではクリーンルーム（浮遊する粒子が少ない部屋）に装置を設置しないと性能を発揮することができない．装置内の洗浄も重要で，前の測定者が高濃度の金属イオンを含む溶液を導入してしまうと，装置内のバックグラウンドとして残分が存在することになり，洗浄しないとその金属イオンによる信号が出現してしまう（メモリー効果）．

　以上，極微量分析においては前処理・測定環境など，細心の注意を払うことを忘れてはならない．

2.10　その他の電磁波を利用した分析法

　光は波の性質と粒子の性質を合わせ持っている．紫外・可視光以外の振動数を

---

[9] 高純度試薬：　分析対象物の濃度が ppb や ppt となると，試料の前処理に用いる試薬の純度が問題となってくる．そのために日本工業規格（Japanese Industrial Standards：JIS）では高純度試薬の規格を定めている．そのほかにも各種分析法を効果的に実施するための分析用試薬が市販されている．

もつ電磁波があり，多くの分析法に利用されている．また，粒子としての性質を利用した光電効果によって発生させた電子を利用することもある．光のエネルギー（波長）とその相互作用や分析法を表2.3にまとめた．赤外線領域の光は分子の振動準位のエネルギー差に対応するため，有機分子の官能基の同定に利用される．ラジオ波を利用したものに核磁気共鳴法があるが，これは強い磁場中でのスピンをもつ原子核によるラジオ波の吸収を利用したもので，有機分子の構造決定法に使われる．波長が短い方のX線では内殻軌道電子の励起による蛍光X線により元素の定性・定量が行われたり，回折現象を利用して結晶構造が調べられたりしている．γ線領域では，放射化された原子核から発生するγ線のエネルギーと強度から，高感度な元素の定性・定量分析や原子核の核スピン準位間の共鳴現象であるメスバウアー共鳴吸収による化学状態分析などがある．いずれの手法も量子

表2.3 電磁波の種類と分析手法

電磁波の種類	波長（エネルギー）	相互作用	分析手法名	主な分析対象物
ラジオ波	1 m 以上（1 μeV 以下）	磁場による磁気モーメントをもつ原子核のゼーマン分裂	核磁気共鳴分光法	有機化合物の官能基の決定
マイクロ波	1 cm〜1 m（数十〜数百 μeV）	磁場による磁気モーメントをもつ不対電子のゼーマン分裂	電子スピン共鳴法	常磁性物質の分析
赤外線	数 μm〜数百 μm（数十 meV）	分子の振動準位間の吸収	赤外吸収法	有機化合物の官能基の決定
紫外・可視光	200〜750 nm（1〜6 eV）	分子軌道間電子準位	吸光光度法，蛍光分光法	分子の定性・定量分析
紫外・可視光	200〜750 nm（1〜6 eV）	外殻軌道間電子準位	原子吸光法，誘導結合プラズマ発光分光法	元素の定性・定量分析
X線	10^{-2}〜1 nm（数百 eV〜数十 keV）	内殻電子の励起	蛍光X線分析，X線吸収法	無機化合物の定性・定量分析
X線	10^{-2}〜1 nm（数百 eV〜数十 keV）	電子による散乱	X線回折	物質の構造決定と同定
γ線	10^{-1} nm 以下（数十 keV 以上）	中性子照射などによる放射化	放射化分析	元素の高感度分析法
γ線	10^{-1} nm 以下（数十 keV 以上）	核スピン間の共鳴吸収	メスバウアー分光法	主に鉄の化学状態・磁性分析

γ線とX線は波長で区別されているのではない．原子核から電磁波が出る場合はγ線で，原子核外から出る場合がX線である．

化された準位間での吸収・発光を計測することが基本となっており，その相互作用の数だけ分析手法が考案されているといってよい．

このような多様な光と物質の相互作用は，定性・定量分析を行う分析化学の分野のみで利用されているだけではなく，さまざまな科学・技術分野で幅広く利用されている．物理化学では励起や緩和における選択則や励起状態の分子構造測定，有機化学や無機化学では紫外・可視光を含めた電磁波を用いた化学反応や触媒作用など多岐にわたっている．物理化学の本も参照し，その基礎を学んでほしい．

練習問題

2.1 しだいに pH が変化する実験条件において酸 HA とその共役塩基 A$^-$ との間で平衡が成り立ち，等吸収点が存在する場合がある．等吸収点の波長の吸光度から全濃度を求めることができることを示せ．

2.2 モル吸光係数とは 1 mol の分子が光を吸収する断面積を示している．分子が光を吸収する際にその遷移確率を 0.5 として，分子の断面積を $(0.7\,\mathrm{nm})^2$ としたときのモル吸光係数を求めよ．

2.3 吸光光度法における透過率 $T\,(=100\times I/I_0)$ の読み取り誤差 δT に対する相対濃度誤差 $\delta C/C$ は，以下の誤差関数で与えられる．
$$\frac{\delta C/C}{\delta T} = \frac{1}{T\ln T}$$
横軸を透過率として縦軸を $(\delta C/C)/\delta T$ としたグラフを作成し，$T=36.8\%$（吸光度が 0.434）で誤差が最も小さくなることを示せ．

2.4 蛍光分光法や化学発光分光法において検出限界を改善する方策を考えよ．また，吸光光度法で高輝度なレーザー光を使用しても高感度な分析法とはならない理由を述べよ．

2.5 検量線法，内標準法，標準添加法において物理干渉を解決するのに適した方法はどれか．またその理由を述べよ．

2.6 イオン化干渉を解消する方策を述べよ．

3. 平衡論に基づく容量分析法

容量分析の目的の一つは，酸や塩基，金属イオンや配位子，酸化剤や還元剤の濃度を決定することである．機器分析が発達した現在にあっても，滴定はこれらの濃度を精密に決定できる方法として有用である．滴定の利点と限界をよく理解することはもちろんであるが，濃度の決定のためには，滴定の当量点をどのように決めるのかも重要である．当量点の決定には指示薬がしばしば用いられるが，その変色は本当に滴定の当量点を示しているのだろうか．その答えは溶液の中で起きている現象の定量的な理解から導くことができる．また，溶液中での現象を理解することは，実験で直接求めることが困難な化学種の濃度を，計算に基づいて決定できることにもつながる．つまり，平衡論に基づいて濃度を決定できることは計測の点からも意義深いことである．

溶液中の種々の平衡反応を理解し，その熱力学的な側面を知るのに，酸塩基の反応は最適な題材である．本章では滴定曲線に基づいて，はじめに酸塩基平衡を，次いで錯生成平衡を取り扱う．

3.1 pH 滴定

a. 滴定曲線—強酸の強塩基による滴定—

図 3.1 は，0.100 M の HCl 水溶液 20.0 mL を，0.100 M NaOH 水溶液を用いて滴定した際に得られる NaOH 水溶液の添加量と被滴定溶液の pH の関係である．pH を測りながら滴定することを pH 滴定と呼び，図 3.1 を pH 滴定曲線という．この図には水溶液中での酸と塩基の反応に関する基本的なことが多数含まれている．この滴定曲線が示唆することを考えてみる．ここでは pH を，

$$pH = -\log[H_3O^+] \tag{3.1}$$

と考える[1]．水中で，HCl は以下のように解離している．

$$HCl + H_2O \longrightarrow H_3O^+ + Cl^- \tag{3.2}$$

式 (3.2) の反応は完全に右側に進み，HCl 分子としての特徴は水に溶解することで失われてしまう．このように酸解離反応が完全に進むものを強酸といい，NaOH のように塩基解離反応が完全に進むものを強塩基という．強酸の水溶液の場合，酸としての特徴は H_3O^+ によって表される．このことを水平化という．同様に強塩基の塩基としての強さは OH^- の強さに水平化される．

---

[1] H_3O^+: 水素イオン (H^+) は水中で数個の水分子と結合しているとされており，水溶液中の化学種としては，H^+，H_3O^+ いずれも正しくない．後述のように，水中では酸・塩基の基準物質として水を用いるので，H_3O^+ とする方がわかりやすい場合がある．そのため，本章では，水中の化学種については H_3O^+ を用いた．

滴定が始まる前，$[H_3O^+] = 0.100$ M であるので，pH は 1.0 である．図 3.1 の滴定曲線から，この溶液に NaOH 水溶液が添加されても，滴定開始後しばらくは，pH がほとんど変化しないことがわかる．この領域で起こる現象は，以下のように酸と塩基の量関係のみから理解できる．V mL の NaOH 水溶液が加えられて，HCl の一部が中和されたとき，中和されずに残っている $[H_3O^+]$ は，

$$[H_3O^+] = \frac{20.0 \times 0.100 - 0.100 V}{20.0 + V} \tag{3.3}$$

である．この関係は，$[H_3O^+]$ があまりに小さくなると成立しない（後述）．式 (3.3) から $[H_3O^+]$ と NaOH 水溶液の滴下量 V との関係は図 3.2 のように表すことができる[2)]．滴下量である横軸との交点が当量点に相当することは明らかであるが，曲線になっているためにこの図から正確に横軸切片を決定することは難しそうである．

中和点（滴定の当量点）を過ぎると，溶液は過剰の NaOH のために塩基性になる．過剰の塩基の濃度は式 (3.3) 同様に，

$$C_{NaOH} = [OH^-] = \frac{0.100 V - 20.0 \times 0.100}{20.0 + V} \tag{3.4}$$

と表すことができる．図 3.2 の中に $[OH^-]$ と V の関係を描いてみると，式 (3.3) と式 (3.4) によるプロットが交わり，当量点で鋭い極小をもつことがわかる．pH 滴定で酸や塩基の濃度を決定することは，この極小をいかにして決定するかという問題と同じである．図 3.1 はこの目的のために pH 電極を用いて，滴定の間，溶液の pH 測定を行ったものである．後述するように当量点付近では pH が大きく変化することから当量点を決定することができる．一方，図 3.2 が実験的に得られればその極小値から当量点が決定できる．水溶液の電気伝導率は，

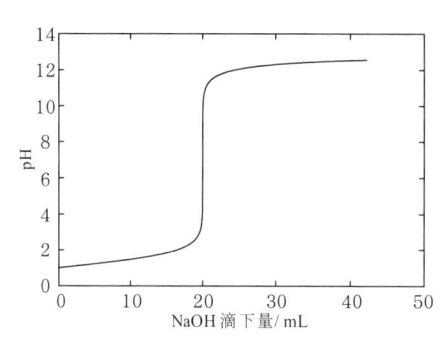

図 3.1 HCl 水溶液 20.0 mL を NaOH 水溶液で滴定した場合の pH 滴定曲線
HCl および NaOH 水溶液濃度は 0.100 M である．

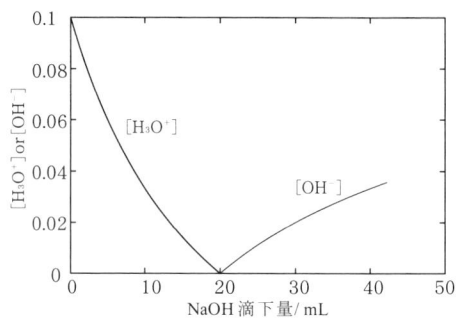

図 3.2 図 3.1 の pH 滴定における $[H_3O^+]$（当量点まで）と $[OH^-]$（当量点後）の変化を示した図
縦軸は pH に変換せずに，各イオンの濃度そのものとした．

---

2) 縦軸を $[H_3O^+]$ や $[OH^-]$ とすると：図 3.2 の縦軸は線形の H_3O^+ や OH^- 濃度表示であり，pH ではないことに注意すること．同じ値を用いているが線形表示と対数表示で印象が大きく異なる．pH 表示ではほとんど変化がないところが線形では逆に大きく変化し，線形による濃度表示では当然ではあるが pH の大きな変化を示すのは困難である．

H_3O^+ と OH^- の濃度による影響が他のイオンに比べて大きい．したがって，被滴定溶液の電気伝導率（コラム参照）を測定すると，図3.2に近い応答が得られ，極小の位置からpH滴定の当量点を決定することができる．

pH滴定は酸や塩基の濃度を決定するのに有効であると述べた．しかし，式(3.1)の関係から，単に溶液のpHを測定すれば酸や塩基の濃度が決定できると思うかもしれない．pHは H_3O^+ 濃度の逆数の対数値であるので，H_3O^+ 濃度を求めるためには対数を外す必要がある．その結果，濃度を求めることができても，信頼性の高い値は得られない．pHとしての誤差は小さくても H_3O^+ 濃度に変換すると大きな誤差になる．たとえば，pHが0.1の測定誤差を含むとき，pHから直接計算される H_3O^+ 濃度は相対値として23%程度の誤差をもつ．このようなpH測定による濃度決定の弱点を巧みにカバーしているのが図3.1のpH滴定曲線に基づく方法である．また，後述のように弱酸や弱塩基の水溶液では $[H_3O^+]$ や $[OH^-]$ が酸や塩基の濃度には一致しない．このような場合には直接pHを測定するだけでは酸や塩基の濃度はわからず，滴定による濃度決定が必要である．

式(3.3)から $V=10.0$ mLのとき，すなわち，はじめに溶液中に存在したHClのちょうど半分が中和されたときのpHは約1.48である．滴定開始からのpHの増加はわずか0.48である．同様に，HClの99%が中和されてもpHの増加はたかだか2.3である．滴定曲線全体ではpHが12程度変化することを考えると，この間のpH変化量がわずかであることがわかる．このようにHCl水溶液のpHは強塩基を加えても容易には変化しない（pH緩衝）[3]．このことが，pH滴定曲線の当量点付近において急激なpH変化が起き，当量点が決定できることに関係している．pHが4から10に変化する間に加えたNaOH水溶液量は0.08 mLであり，中和に必要な20 mLの0.4%にすぎない．また，仮にpHの測定値が真の値からずれていても当量点の決定にはあまり影響しない．以上のことからpHを直接 H_3O^+ 濃度に変換する方法に比べて，その変化から当量点を求め，濃度を決定するpH滴定が信頼性の高い値を与えることがわかる．

COLUMN

酸塩基のいくつかの概念

酸塩基の概念を提案した人物として，Arrhenius，BrønstedとLowry，Lewis，Usanovichなどが知られており，この順に概念が広くなる．

・Arrheniusは，H^+ を放出するものを酸，OH^- を放出するものを塩基と定義した．

・BrønstedとLowryの概念では，H^+ を放出するものを酸，H^+ を受け取るものを塩基とした．これによって式(3.2)や式(3.8)を酸塩基の反応と見なすことができるようになった．また，水以外の溶媒中にも酸塩基の概念を拡張することになった．一般にこの概念に基づくブレンステッド酸（Brønsted acid）

---

[3] pH緩衝: 溶液のpHが塩基や酸を加えてもほとんど変化しないことをpH緩衝という．体内もpH緩衝があり，血液のpHはほぼ7.4に保たれている．詳細は3.1節e項を参照すること．

とブレンステッド塩基（Brønsted base）を酸塩基ということが多い．

・Lewisの概念では，H^+ではなく電子対を考えた．これを受け取るものを酸，供与するものを塩基とした．これによって錯生成反応も酸塩基と見なされるようになった．しかし，Lewisの概念でのみ酸または塩基と考えられるものについては，ルイス酸（Lewis acid）やルイス塩基（Lewis base）と呼ぶのが通常である．

・Usanovichは，電子のやりとりも酸塩基反応として考え，酸化還元反応も酸塩基反応の一種として見なされるようになった．この考えが用いられることはあまりない．

ブレンステッド酸と塩基を混合すると，酸から塩基にH^+の移動が起きるか，または溶液中でそれぞれが放出したH^+とOH^-が反応して水が生じる．これを一般に酸塩基反応という．同様に，ルイス酸とルイス塩基間の反応，たとえば金属イオンの錯生成をルイス酸塩基反応という．

電気伝導率とは

イオンを電場の中に置くと，イオンはカソード（陰極）またはアノード（陽極）に向かって電気泳動する．このときの泳動の速さはイオンの電荷や大きさなどで決まり，すべてのイオンについて同じではない．水中で最も速く泳動する陽イオンはH_3O^+であり，最も速く移動できる陰イオンはOH^-である．これは，H^+やOH^-が水分子との水素結合ネットワークを利用して移動するためと考えられている．イオンのモル伝導率は単位電位勾配下でのイオンの移動度に比例する．25℃，無限希釈においてH_3O^+のモル伝導率は349.8 S cm^2 mol^{-1}（ここで，Sは電気伝導度のSI単位系でジーメンスという．1 S = 1 Ω^{-1}），OH^-では198.3 S cm^2 mol^{-1}，Na^+とCl^-のモル伝導率はそれぞれ50.10，76.35 S cm^2 mol^{-1}である．このことから，H_3O^+とOH^-の値が極端に大きいことがよくわかる．

強酸に強塩基を加えるpH滴定において，当量点前では中和が進行するに伴い[Na^+]が増加するが[H_3O^+]が減少するので電気伝導率が減少する．一方，当量点以降ではNa^+およびOH^-の濃度が増加していくので電気伝導率が増加する．したがって，この滴定を電気伝導率測定で追跡すると，当量点で極小をもつ図3.2に類似の曲線が得られる．

b. 水の自己解離

ところで，pH滴定曲線はpHつまりH_3O^+濃度を測定することによって得られる．もし，式（3.3）に従って，H_3O^+濃度が減少していくと，当量点でのH_3O^+濃度は0になりそうである．また，当量点を過ぎた塩基性の領域で，pHが一定値に収束することはなく，直線的に増加していくはずである．当量点を決定するために図3.1のような形の滴定曲線が得られることは都合がよいだけでなく，そこには水溶液中で起きていることの本質が潜んでいる．

溶液全体を考えると，陽イオンのもつ正電荷と陰イオンの負電荷は等しくなければならないので，次の電荷均衡が成り立つ．

$$[H_3O^+] + [Na^+] = [OH^-] + [Cl^-] \tag{3.5}$$

ここで考えている系には1価イオンだけが含まれているが，多価イオンが存在するときにはその価数も考慮に入れる必要がある．

溶液が十分に酸性の（[OH^-]が無視できるほど小さい）とき，式（3.5）は，

$$[H_3O^+] = [Cl^-] - [Na^+] \tag{3.6}$$

と近似[4]できる．式（3.3）は滴定における体積変化を考慮しているが，本質的には式（3.6）の関係から導かれている．したがって，酸性溶液では滴定の進行に伴い，[H_3O^+]は[Na^+]に対して−1の傾きの直線に沿って変化する．

中和点を過ぎて，溶液が十分に塩基性になると，今度は $[H_3O^+]$ が相対的に小さくなり，式 (3.5) は次のように簡略化できる．

$$[OH^-] = [Na^+] - [Cl^-] \tag{3.7}$$

したがって，今度は滴定が進むにつれて，$[OH^-]$ が $[Na^+]$ に対して傾き 1 の直線に沿って増加することになる．図 3.2 では，横軸を滴定剤として加えた NaOH 水溶液の量としたが，$[Na^+]$ を横軸にとると，2 本の直線によってこの間の変化を表すことができる．

酸性または塩基性が十分高いときには，式 (3.6) や式 (3.7) のような近似が可能であった．しかし，中性近傍では水自体の解離による影響のため，このような近似が成り立たなくなる．$[H_3O^+]$ と $[OH^-]$ の間には，水の自己解離に基づく以下の関係がある．

$$H_2O + H_2O \rightleftharpoons H_3O^+ + OH^-$$
$$K_w = [H_3O^+][OH^-], \quad pK_w = -\log K_w \tag{3.8}$$

この反応の平衡定数 K_w は水の自己解離定数（イオン積）と呼ばれる．表 3.1 に値を示すように，K_w は 25℃ で 1.0×10^{-14} であり，この値は温度とともに大きくなる（中和は中和エンタルピーが $-55.8\, kJ\, mol^{-1}$ の発熱反応である）．ここでは温度を 25℃ として考えるが，中性の定義は H_3O^+ 濃度と OH^- 濃度が等しい溶液であるから，温度により中性の pH が異なることに気をつけたい．式 (3.8) を用いて式 (3.5) を書き換えると，

$$[H_3O^+] + [Na^+] = \frac{K_w}{[H_3O^+]} + [Cl^-] \tag{3.9}$$

を得る．この式は $[H_3O^+]$ の 2 次方程式である．$[Na^+]$ と $[Cl^-]$ はいずれも加えた NaOH 水溶液と HCl 水溶液の濃度と体積から求められるので，2 次方程式の解として $[H_3O^+]$ を決定することができる．しかし，式 (3.9) を用いて，

表 3.1 水の自己解離定数の温度変化

温度/℃	$pK_w (= -\log K_w)$
0	14.944
10	14.535
25	13.997
40	13.353
60	13.017
80	12.598

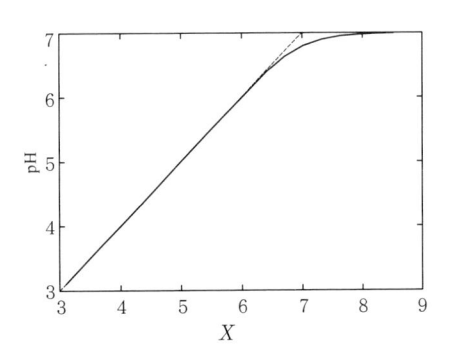

図 3.3 HCl 濃度と pH の関係
横軸 X は HCl 濃度 10^{-X} M．破線は単純希釈から予想される pH 変化．

4）近似について：　本章では，ある物質の濃度が他の物質のおよそ 1% 以下であるとき，低濃度のものを無視してもよいと仮定し議論を進める．つまり，式 (3.5) で $0.01 \times [H_3O^+] > [OH^-]$ であれば，$[OH^-]$ が無視できるとする．pH ≤ 6 のとき式 (3.6) が，pH ≥ 8 のとき式 (3.7) が成り立つ．このような近似をうまく利用することにより計算を簡略化できる．

[H$_3$O$^+$] を計算しなければならない pH 領域はきわめて限定されている．25℃の酸性条件下では水の解離による [H$_3$O$^+$] への寄与はたかだか 10^{-7}M である．したがって，有効数字を 3 桁としても，この影響が現れるのは pH が 5〜7 の間だけである．同様に塩基性では pH が 7〜9 のときだけである．図 3.3 に HCl 濃度とその水溶液の pH の関係を示す．[H$_3$O$^+$] = [Cl$^-$] が成り立つときには，pH と $-\log C_{\text{HCl}}$ 間に傾きが 1 の直線関係があるが，HCl 濃度が 1.00×10^{-5} M 以下になると水の解離による影響が無視できなくなり，直線から外れて最終的には [H$_3$O$^+$] = 10^{-7}M に近づいていく．直線から外れる領域では，式 (3.9) に基づく計算[5]が必要であることがわかる．詳しくは述べないが，塩基性領域も同様である．

図 3.1 の pH 滴定曲線において，水の自己解離の影響をどの程度考慮すべきかを考えてみる．滴定剤を 19.99 mL まで加えたときの pH は 4.6 である．次の 0.01 mL の添加によって pH は 7.0 になり，さらに 0.01 mL 追加すると 9.4 まで上昇する．通常の滴定ではこれ以上小さな体積を測定することはない．したがって，強酸-強塩基の系では，酸または塩基の濃度が 1×10^{-5} M を下回り，水の解離に注意を払う必要があるのは当量点付近のごく一部にすぎないことがわかる．一方でこれが pH の大きな変化の原因となっている．

c. 弱酸の強塩基による滴定

次に，弱酸を強塩基で滴定する場合を考えてみる．図 3.4 は 0.100 M の酢酸水溶液 20.0 mL を 0.100 M の NaOH 水溶液で滴定したときに得られる pH 滴定曲線である．図 3.1 と比べてみると，以下のことがわかる．

- 滴定開始の pH が強酸の系に比べて高い．
- 滴定直後に一度 pH が上昇し，その後 pH 変化の小さな領域がある．
- 当量点付近における pH の急激な増加は，強酸の系に比べて小さい．
- 当量点の pH は塩基性である．
- 当量点を過ぎてからの滴定曲線は強酸-強塩基の曲線にほぼ一致する．

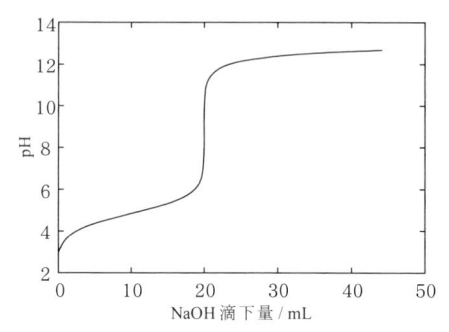

図 3.4 酢酸水溶液 20.0 mL を NaOH 水溶液で滴定した場合の pH 滴定曲線
酢酸および NaOH 水溶液濃度は 0.100 M である．

---

[5] H$_3$O$^+$ 濃度： 強酸や強塩基の H$_3$O$^+$ 濃度は，基本的に酸または塩基の濃度だけで決まる．10^{-5}M 以下の希薄なときは式 (3.9) から求めることになる．

強酸の系と酢酸のような弱酸の系の違いは，前者では溶液組成によらず常に酸が完全に解離していると考えられるのに対し，後者では解離度[6]が溶液組成によって変化することである．このような弱酸（HA）の解離は次の平衡によって表される．

$$HA + H_2O \rightleftharpoons H_3O^+ + A^-$$

$$K_a = \frac{[H_3O^+][A^-]}{[HA]} \tag{3.10}$$

この平衡の平衡定数は酸解離定数と呼ばれ，通常 pK_a（$= -\log K_a$）で与えられる．また，HA と A^- あるいは H_2O と H_3O^+ の関係を共役という．たとえば HA は A^- の共役酸，H_3O^+ は H_2O の共役酸であり，逆に A^- は HA の共役塩基，H_2O は H_3O^+ の共役塩基である．後で定量的な関係を示すが，弱い酸の共役塩基は塩基として強く，強い酸の共役塩基は塩基として弱いことが式（3.10）の平衡定数から推察できる．さらに式（3.5）を例にとると，水中で強酸として働く HCl の共役塩基は Cl^- であり，きわめて弱いブレンステッド塩基（3.2 節 a 項参照）[7]であることも同様に理解できる．表 3.2 に代表的な弱酸の pK_a の値を示す．上述の例にあげた酢酸の pK_a は 4.76 であり，カルボン酸はたいていこの程度の pK_a をもつ．

弱酸-強塩基の pH 滴定曲線は，強酸-強塩基の場合に比べて若干複雑な形をしており，この系を理解するには後者に比べて考慮すべきことが多い．強酸または強塩基の系における $[H_3O^+]$ は，最も複雑な場合でも $[H_3O^+]$ の 2 次方程式によって与えられた．同様に，酢酸のような一塩基酸では，$[H_3O^+]$ の 3 次方程式の解によって $[H_3O^+]$ が与えられる．しかし，強酸-強塩基の系で $[H_3O^+]$ の 2 次方程式を解く必要がないことが多いのと同様に，ある程度濃度の高い酸や塩基の水溶液を扱う場合には，適切な近似をすることで 3 次方程式の解を求める必要がなくなる．

一塩基酸の全濃度を C_{total} と表すことにする．系に存在する酸の化学種は HA と A^- だけであるので，

$$C_{total} = [HA] + [A^-] \tag{3.11}$$

と書くことができる．また，この系でも強酸-強塩基の系と同様，次式の電荷均衡が成り立つ．

$$[H_3O^+] + [Na^+] = [OH^-] + [A^-] \tag{3.12}$$

溶液が酸性のとき，$[OH^-]$ は無視でき，

$$[H_3O^+] + [Na^+] = [A^-] \tag{3.13}$$

6）解離度：　酸の場合，その全濃度 C_{total} に対して H^+ を放出した化学種の濃度の割合を解離度という．後述のように多段階に解離するものでは，どの化学種に対応しているのかを明確にすべきである．塩基の場合も同様であり，OH^- を放出した化学種の濃度の全濃度に対する割合を指す．

7）弱いブレンステッド塩基：　Cl^- が弱い塩基であることは，NaCl 水溶液などが中性であることからも明らかである．

表 3.2 代表的な酸の解離定数（25℃）

酸	pK_a (pK_1)	pK_2	pK_3	pK_4
H_2CO_3	6.35	10.33		
HCN	9.21			
HF	3.17			
H_3PO_4	2.15	7.20	12.35	
H_2S	7.02	13.9		
NH_4^+	9.24			
酢酸	4.76			
乳酸	3.64			
コハク酸	3.99	5.20		
シュウ酸	1.04	3.82		
フェノール	9.87			
EDTA*	2.00	2.67	6.36	10.27
アニリニウム	4.65			

無限希釈またはイオン強度 $I=0.1$ M での値.
*EDTA（エチレンジアミン四酢酸）には6個の H^+ が結合しうるが、ここにあげた値は最後の4個の H^+ の解離に関するものである.

となるので，式 (3.11) と式 (3.13) を式 (3.10) に代入すると以下の式を得る.

$$K_a = \frac{([H_3O^+]+[Na^+])[H_3O^+]}{C_{total}-([H_3O^+]+[Na^+])} \tag{3.14}$$

同様に，塩基性では $[H_3O^+]$ が無視できて，

$$[Na^+] = [A^-]+[OH^-] \tag{3.15}$$

となるので，式 (3.11) と式 (3.15) を式 (3.10) に代入すると以下の式が得られる.

$$K_a = \frac{([Na^+]-[OH^-])[H_3O^+]}{C_{total}-([Na^+]-[OH^-])} \tag{3.16}$$

式 (3.14) と式 (3.16) はいずれも整理すると $[H_3O^+]$ に関して2次方程式となり，滴定による体積変化を考慮して $[Na^+]$ と C_{total} を求めておけば $[H_3O^+]$ を計算することができる.

式 (3.14) と式 (3.16) をもとにして，図 3.4 の酢酸の滴定曲線を例にとり種々の点での $[H_3O^+]$ をいくつかの領域に分けて，計算してみよう.

（1）滴定が始まる前
（2）当量点以前ですでに十分な NaOH が添加されている場合
（3）当量点
（4）当量点を過ぎてから

の4つに分けることにするが，これらは滴定曲線に当てはめた場合であり，水溶液としてはそれぞれ，

（1）酸のみの水溶液
（2）酸とその共役塩基の混合溶液
（3）弱酸の共役塩基（弱塩基）の水溶液

(4) 弱塩基と強塩基の混合溶液

に相当する．

(1) 滴定が始まる前―酸のみの水溶液―

この場合，式 (3.14) の $[\mathrm{Na^+}] = 0$ とすることで次式を得る．

$$K_a = \frac{[\mathrm{H_3O^+}]^2}{C_{\mathrm{total}} - [\mathrm{H_3O^+}]} \tag{3.17}$$

整理して，

$$[\mathrm{H_3O^+}]^2 + K_a[\mathrm{H_3O^+}] - K_a C_{\mathrm{total}} = 0 \tag{3.18}$$

滴定では 0.1 M 程度の酸や塩基の反応を扱うことが多い．C_{total} に比べて $[\mathrm{H_3O^+}]$ が小さい[8]ときには，式 (3.18) の第 2 項は第 3 項との比較から無視でき，

$$[\mathrm{H_3O^+}] = \sqrt{K_a C_{\mathrm{total}}} \tag{3.19}$$

と近似することができる．一般に，希薄な水溶液や K_a の大きな酸の水溶液では，酸の解離度が大きくなるので，式 (3.19) の近似が成り立たないことが多い．したがって，弱酸の水溶液で $C_{\mathrm{total}} \gg [\mathrm{H_3O^+}]$ の条件が成り立つときは，式 (3.19) から $[\mathrm{H_3O^+}]$ が得られるが，$C_{\mathrm{total}} \gg [\mathrm{H_3O^+}]$ の条件が成り立たない解離度の大きな場合には式 (3.18) から $[\mathrm{H_3O^+}]$ を求める必要がある．

酢酸の pK_a は 4.76 であるので，0.100 M の酢酸水溶液の $[\mathrm{H_3O^+}]$ は，

$$[\mathrm{H_3O^+}] = \sqrt{0.1 \times 10^{-4.76}} = 1.33 \times 10^{-3} \, \mathrm{M}$$

となる．この場合，$[\mathrm{H_3O^+}]$ は C_{total} の 1.3% 程度であり，式 (3.19) の近似はほぼ成り立っていると考えても差し支えない．実際，式 (3.18) を解くと，$[\mathrm{H_3O^+}] = 1.31 \times 10^{-3}$ M となるので，式 (3.19) の近似で 1% 程度の誤差が生じているが，この違いが重大であることはあまりない．

(2) 当量点以前ですでに十分な NaOH が添加されている場合―酸とその共役塩基の混合溶液―

滴定が始まり，ある程度 NaOH が加えられると $[\mathrm{H_3O^+}]$ は低くなり，一方で $[\mathrm{Na^+}]$ は増加していく．そのため，滴定開始後すぐに $[\mathrm{Na^+}] \gg [\mathrm{H_3O^+}]$ が成り立つようになる．このとき式 (3.14) は次のように近似することができる．

$$K_a = \frac{[\mathrm{Na^+}][\mathrm{H_3O^+}]}{C_{\mathrm{total}} - [\mathrm{Na^+}]} \tag{3.20}$$

この式は，$[\mathrm{Na^+}]$ に比べて $[\mathrm{H_3O^+}]$ と $[\mathrm{OH^-}]$ が無視できるほど小さいことに基づいており，電荷均衡式を，

$$[\mathrm{Na^+}] = [\mathrm{A^-}] \tag{3.13'}$$

と書いたことに相当する．弱酸の水溶液を一部中和した水溶液は，弱酸とその共役塩基の塩を混合したものと同じである．つまり，酢酸水溶液を一部 NaOH で中和すると，酢酸と酢酸ナトリウムの混合溶液が得られる．濃度 C_{HA} の酢酸と

---

[8] C_{total} に比べて $[\mathrm{H_3O^+}]$ が小さい：ここでも $C_{\mathrm{total}} \gg [\mathrm{H_3O^+}]$ は，$0.01 \times C_{\mathrm{total}} > [\mathrm{H_3O^+}]$ を基準と考えることにする．

濃度 C_A の酢酸ナトリウムを混合してもともに解離状態に変化がないとすると，式 (3.20) は，

$$K_a = \frac{C_A [H_3O^+]}{C_{HA}} \tag{3.21}$$

と書ける．この式の対数をとると，

$$\mathrm{pH} = \mathrm{p}K_a + \log\frac{C_A}{C_{HA}} \tag{3.22}$$

となる．この式は Henderson–Hasselbalch 式と呼ばれる．滴定のごく初期段階では [Na$^+$] が低い領域を除いて，当量点に達するまでのほとんどの範囲で式 (3.21) の近似が成り立ち，この式から [H$_3$O$^+$] を計算できる．式 (3.22) から，弱酸のちょうど半分が中和された点（$C_{HA} = C_A$）における pH がその酸の pK_a に等しいことがわかる．この点を半当量点と呼ぶ．

式 (3.22) の導出の際，[Na$^+$] に比べて [H$_3$O$^+$] と [OH$^-$] が十分小さいことを想定した．しかし，K_a が大きいときにはこの仮定が必ずしも成り立たず，したがって半当量点の pH も pK_a に等しくない．このことを検討してみよう．

半当量点では，

$$[\mathrm{Na}^+] = 0.5 C_{\mathrm{total}}$$

であるので，電荷均衡式は以下のように書き替えることができる．

$$[\mathrm{H_3O}^+] + [\mathrm{Na}^+] = [\mathrm{OH}^-] + [\mathrm{A}^-]$$

$$[\mathrm{H_3O}^+] + 0.5 C_{\mathrm{total}} = [\mathrm{OH}^-] + [\mathrm{A}^-] = \frac{K_w}{[\mathrm{H_3O}^+]} + \frac{K_a C_{\mathrm{total}}}{[\mathrm{H_3O}^+] + K_a} \tag{3.23}$$

この式から半当量点での [H$_3$O$^+$] を計算することができる[9]．図 3.5 (a) に種々の C_{total} における半当量点での pH と pK_a の関係を，図 3.5 (b) には [HA]/[A$^-$] 比と pK_a の関係を示す．式 (3.22) が成り立つときには図 3.5 (a) の関係は傾き 1 の直線になるはずだが，pK_a あるいは C_{total} が小さくなるにつれて傾き 1 の直線からのずれが大きくなっている．これは，図 3.5 (b) からも明らかなように，半当量点での HA や A$^-$ の平衡濃度が 0.5 C_{total} には等しくないことに起因している．したがって，pK_a が小さい酸や酸濃度が低い場合には，滴定曲線の半当量点の pH と pK_a は等しくならず，式 (3.21) と式 (3.22) は成り立たないので注意が必要である．

(3) 当量点─弱酸の共役塩基（弱塩基）の水溶液─

当量点では，

$$[\mathrm{Na}^+] = C_{\mathrm{total}} \tag{3.24}$$

である．これは，C_{total} 濃度の酢酸ナトリウムの水溶液である．酢酸イオンは酢酸の共役塩基であり，以下の平衡に従って解離する．

$$\mathrm{A}^- + \mathrm{H_2O} \rightleftarrows \mathrm{HA} + \mathrm{OH}^- \tag{3.25}$$

したがって，この水溶液は塩基性である．式 (3.16) に式 (3.24) を代入して整

---

[9] [A$^-$] = $K_a C_{\mathrm{total}}/([\mathrm{H_3O}^+] + K_a)$ は式 (3.11) に酸解離定数を置換すれば得られる．

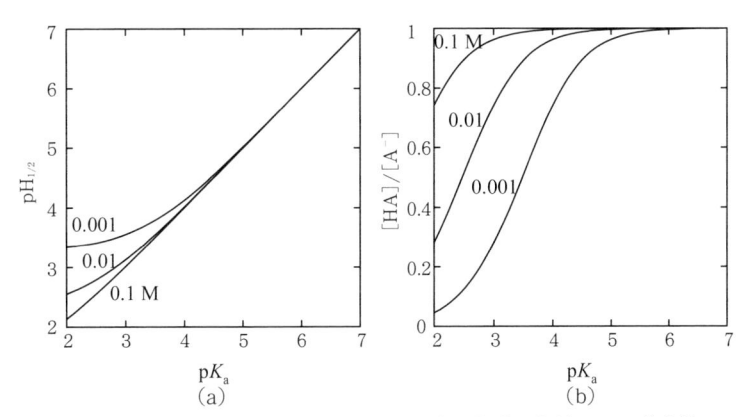

図 3.5 半当量点における pH（pH$_{1/2}$）と [HA]/[A$^-$] 比の pK_a 依存性

理すると,

$$[\mathrm{OH}^-]^2 + \frac{K_\mathrm{w}}{K_\mathrm{a}}[\mathrm{OH}^-] - \frac{K_\mathrm{w} C_\mathrm{total}}{K_\mathrm{a}} = 0 \tag{3.26}$$

となる．ここで，式（3.25）で表される平衡から，HA の共役塩基の解離定数 K_b を定義できる．

$$K_\mathrm{b} = \frac{[\mathrm{HA}][\mathrm{OH}^-]}{[\mathrm{A}^-]}, \qquad \mathrm{p}K_\mathrm{b} = -\log K_\mathrm{b}$$

この式を変形すると,

$$\begin{aligned} K_\mathrm{a} K_\mathrm{b} &= K_\mathrm{w} \\ \mathrm{p}K_\mathrm{a} + \mathrm{p}K_\mathrm{b} &= \mathrm{p}K_\mathrm{w} = 14.00 \text{（25°C）} \end{aligned} \tag{3.27}$$

の関係が得られる．酢酸の場合，pK_a = 4.76であるので，酢酸イオンのpK_bは 9.24（= 14.00 − 4.76）となる．この関係を用いて，式（3.26）を書き替えると,

$$[\mathrm{OH}^-]^2 + K_\mathrm{b}[\mathrm{OH}^-] - K_\mathrm{b} C_\mathrm{total} = 0 \tag{3.28}$$

となる．この式は，式（3.18）の K_a を K_b に，[H$_3$O$^+$] を [OH$^-$] に書き替えたものに相当する．したがって，式（3.19）と同様に C_total が [OH$^-$] に比べて十分大きいときには,

$$[\mathrm{OH}^-] = \sqrt{K_\mathrm{b} C_\mathrm{total}} \tag{3.29}$$

と近似することができる．図 3.4 の滴定では，当量点における C_total が 0.050 M であるので,

$$[\mathrm{OH}^-] = \sqrt{0.050 \times 10^{-9.25}} = 5.30 \times 10^{-6} \,\mathrm{M}$$

$$[\mathrm{H}_3\mathrm{O}^+] = \frac{K_\mathrm{w}}{[\mathrm{OH}^-]} = 1.89 \times 10^{-9} \,\mathrm{M}$$

となる．[OH$^-$] は C_total の 0.01% にすぎず，したがって式（3.28）から式（3.29）への近似は妥当であるといえる．

式（3.28）と式（3.29）は，一般に塩基の水溶液について成り立つ．たとえば，アンモニア（NH$_3$）や有機アミン類などの水溶液の [OH$^-$] もこれらの式を用い

て計算することができる．

（4） 当量点を過ぎてから―弱塩基と強塩基の混合溶液―

当量点における被滴定溶液は弱塩基の水溶液であった．したがって，当量点を過ぎた水溶液は，塩基性の酢酸ナトリウム水溶液にさらに強塩基の NaOH を加えたものに相当する．当量点における $[\mathrm{OH}^-]$ は，5.30×10^{-6} M であった．したがって，この濃度に比べてはるかに多くの $[\mathrm{OH}^-]$ を加えたときには，酢酸ナトリウムの解離による $[\mathrm{OH}^-]$ は無視してもよい．この場合，水溶液の $[\mathrm{OH}^-]$ は式（3.11）から，

$$[\mathrm{OH}^-] = [\mathrm{Na}^+] - C_{\mathrm{total}} \tag{3.30}$$

で与えられる．当量点では被滴定溶液の容量が 40.0 mL である．そこに，1 滴の 0.100 M NaOH 水溶液（約 0.04 mL に相当する）を加えると $[\mathrm{OH}^-]$ が 1.00×10^{-4} M だけ増加する．つまり当量点の水溶液に 1 滴の滴定剤が加えられると，当量点の水溶液（0.05 M の酢酸ナトリウム水溶液）の 20 倍程度の OH^- が加えられることになる．したがって，当量点を過ぎてすぐに式（3.30）の近似が有効になる．塩基過剰の条件では，$C_{\mathrm{total}} = [\mathrm{A}^-]$ であり，したがって式（3.7）と式（3.30）は本質的に同じである．強酸，弱酸いずれを強塩基で滴定しても（図3.1, 3.4），滴定曲線の後半部分が一致するのはこのことから説明できる．

以上のように，滴定曲線を（1）〜（4）の領域に分けて考えると，そこには弱酸，弱塩基の水溶液に関するほとんどすべての必要事項が盛り込まれていることがわかる．図 3.4 の滴定曲線は酢酸のものであったが，一塩基酸については $\mathrm{p}K_\mathrm{a}$ の違いのみを考慮に入れればほとんどの場合，同様な取り扱いが可能である．

弱酸の $\mathrm{p}K_\mathrm{a}$ が大きくなると，図 3.6 に示すように滴定開始時の pH が大きくなり，それとともに当量点の pH も大きくなる．このことは，基本的に上述の（1）および（3）の取り扱いを参照することで理解できる．また，$\mathrm{p}K_\mathrm{a}$ が 12 を超えるようなきわめて弱い酸では，溶媒の水の解離と酸の解離がほとんど区別不可能になり，滴定曲線は単に強塩基の滴定剤を水に加えたときのものに一致して

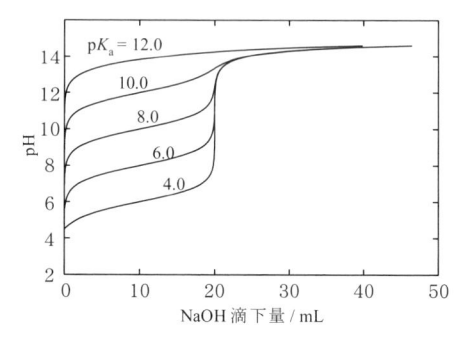

図 3.6 弱酸 20.0 mL を NaOH 水溶液で滴定した場合の pH 滴定曲線
滴定曲線の弱酸の $\mathrm{p}K_\mathrm{a}$ の依存性を示す．弱酸および NaOH 水溶液濃度は 0.100 M である．

しまう．

d. 塩基の酸による滴定

塩基の酸による滴定は，酸を塩基で滴定したときの曲線を pH 7 の値の線で上下対称に反転させたものとしてとらえることができる．わかりやすい例として，NaOH の HCl による滴定曲線を図 3.7 に示す．この図は図 3.1 を pH が 7 の線で上下に反転させたものに相当する．強酸–強塩基の滴定では，はじめ式 (3.6) に従って系中の H_3O^+ 濃度が変化し，当量点を過ぎると式 (3.7) に従って変化した．強塩基–強酸の滴定では状況は全く反対であり，式 (3.7) に従って変化した後，当量点過ぎからは式 (3.6) に従うようになる．当量点は，25℃ ではいずれも pH が 7 の点となるので，この点を境に上下が反転した形になる．

同様に，弱塩基の強酸による滴定曲線も，弱酸の強塩基による滴定曲線を上下反転したものと考えることができる．このことは図 3.8 を図 3.6 と比較するとよくわかる．弱酸のみの水溶液中の $[H_3O^+]$ は式 (3.18) で，弱塩基のみの水溶液では式 (3.28) に従って計算できる．これら 2 つの式は同じ形をしており，前者は $[H_3O^+]$ と K_a で，後者は $[OH^-]$ と K_b で表されているところが相違点である．$[H_3O^+]$ と $[OH^-]$ の積，K_a と K_b の積はいずれも K_w であるので，弱塩基の滴定曲線は，弱酸のものを pH が 7 の線で上下に反転したものに相当することが理解できるであろう．

酢酸イオンの塩基としての解離反応は式 (3.26) で表すことができた．同様に，NH_3 の解離反応は次のように書くことができる．

$$NH_3 + H_2O \rightleftharpoons NH_4^+ + OH^-$$
$$K_b = \frac{[NH_4^+][OH^-]}{[NH_3]} \tag{3.31}$$

塩基が電気的に中性のときにも基本的には式 (3.26) を用いて $[OH^-]$ を求めることができる．NH_3 では $pK_b = 4.76$ であるので，NH_3 を HCl で滴定すると，図 3.8 の $pK_b = 4$ と $pK_b = 5$ の中間的な滴定曲線が得られる．NH_3 の酸による滴定では，滴定剤として加えられた酸が NH_3 によって消費されていくと見なすこ

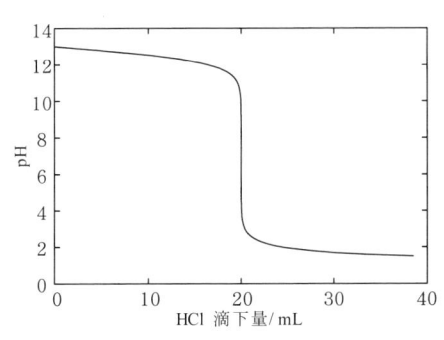

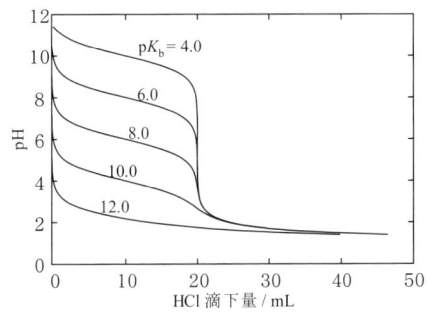

図 3.7 NaOH 水溶液 20.0 mL を HCl で滴定した場合の pH 滴定曲線
HCl および NaOH 水溶液濃度は 0.100 M である．

図 3.8 弱塩基 20.0 mL を HCl で滴定した場合の pH 滴定曲線
滴定曲線の弱塩基の pK_a の依存性を示す．弱塩基および HCl 濃度は 0.100 M である．

とができ，次のように表すこともできる．

$$NH_3 + H_3O^+ \rightleftharpoons NH_4^+ + H_2O$$

$$\frac{[NH_4^+]}{[NH_3][H_3O^+]} = \frac{1}{K_a} = \frac{K_b}{K_w} \tag{3.32}$$

この式は，NH_3 の解離を共役酸であるアンモニウムイオン（NH_4^+）の解離反応の逆反応として位置づけることに相当する．式（3.31）と式（3.32）は同じ現象を表しているが，NH_3 を水に溶かすと塩基として働くという現象を表しているのは式（3.31）である．したがって塩基の解離反応は式（3.31）の形で表される．

上述のとおり，pK_a が 10 を超える弱酸を水中で滴定することは困難であった．しかし，このように弱い酸の共役塩基は強い塩基である．たとえば，pK_a が 10 の酸に対応する共役塩基の pK_b は 4 であり，pK_a が 12 の酸に対応する共役塩基の pK_b は 2 である．図 3.8 からも明らかなように，このような塩基を酸で滴定することは容易である．したがって，酸あるいは塩基としてあまりに弱いために，pH 滴定ができない場合は，それらの共役塩基あるいは共役酸を滴定することを考えればよいことがわかる．

e. pH 緩 衝

滴定曲線の当量点付近ではわずかの滴定剤を加えると pH が大幅に変化するのに対し，その他の領域では多少滴定剤を加えても（あるいは除いても）pH はあまり変化しない．このように，塩基や酸の添加による pH 変化が小さい溶液を pH 緩衝溶液という．酸の塩基による滴定においては，以下で定義される緩衝指数 β [10] から pH 緩衝の特徴を議論することができる．

$$\beta = \frac{dC_B}{dpH} \tag{3.33}$$

ここで，C_B は塩基の濃度，すなわち滴定では加えられた滴定剤の濃度である．つまり，β は滴定曲線の傾きの逆数であり，この値が大きいほど pH 緩衝能が大きい．図 3.1 の HCl–NaOH の系と図 3.6 の弱酸（HA）–NaOH の系にこれを当てはめてみよう．それぞれの電荷均衡式（3.5）と式（3.12）に $C_B = [Na^+]$ を置換すると，

$$[H_3O^+] + C_B = [OH^-] + [Cl^-] \tag{3.5'}$$

$$[H_3O^+] + C_B = [OH^-] + [A^-] \tag{3.12'}$$

と書くことができる．滴定が進むにつれて体積が変化するので，その効果を考慮しなければならないが，ここでは簡単のため体積変化を無視することにする．$pH = -\log[H_3O^+]$ を微分すると，

$$dpH = -\frac{d[H_3O^+]}{2.3[H_3O^+]}$$

となることを考慮に入れて，式（3.5'）と式（3.12'）をそれぞれ $[H_3O^+]$ で微分すると，

---

10) 緩衝指数 β： 強酸の添加に対する緩衝指数は，$\beta = -dC_{acid}/dpH$ で与えられる（C_{acid} は加える強酸の濃度）．

$$\beta = 2.3[\mathrm{H_3O^+}]\left(1+\frac{K_\mathrm{w}}{[\mathrm{H_3O^+}]^2}\right) = 2.3([\mathrm{H_3O^+}]+[\mathrm{OH^-}]) \tag{3.34}$$

$$\beta = 2.3\left\{[\mathrm{H_3O^+}]+[\mathrm{OH^-}]+\frac{C_\mathrm{total}K_\mathrm{a}[\mathrm{H_3O^+}]}{(K_\mathrm{a}+[\mathrm{H_3O^+}])^2}\right\} \tag{3.35}$$

が得られる．

図 3.1 の HCl 水溶液の NaOH 水溶液による滴定曲線から求めた β の NaOH 滴下量および pH に対する依存性を図 3.9 に示す．NaOH 滴下量を横軸にとった図 3.9 (a) において，β の値は当量点付近で 0 になり，当量点から離れるにつれて大きくなることがわかる．式 (3.34) を再度 pH で微分した式は，$[\mathrm{H_3O^+}] = \sqrt{K_\mathrm{w}}$（$= 1\times 10^{-7}\,\mathrm{M}$）で 0 になり，この点（pH 7）で β が最小になることからも理解できる．また，$[\mathrm{H_3O^+}]$ または $[\mathrm{OH^-}]$ に比例して β が大きくなることから，強酸または強塩基の水溶液の pH 緩衝能はそれぞれの濃度に比例することがわかる．

一方，弱酸を強塩基で滴定したときには β が図 3.10 のように変化する．ここでは，pK_a が 4 および 6 の弱酸を NaOH で滴定したことを想定した．図 3.9 と同様に横軸を NaOH 滴下量とすると，当量点付近で β の値が 0 になっている．しかし，強酸の場合とは異なり，NaOH 滴下量が少ないときにも β の値が小さくなっている．つまり，弱酸の水溶液は強酸とは異なり pH 緩衝能がきわめて小さい．一方で，滴定の開始から当量点に至るまでのちょうど真ん中付近に極大がみられる．横軸を pH にするとこのことがより明確になり，$\mathrm{pH} = pK_\mathrm{a}$ 付近に β の極大が現れる．強酸-強塩基の系と同様，式 (3.35) を pH で再度微分するとこのことがよくわかる．$\mathrm{pH} = pK_\mathrm{a}$ 付近では $[\mathrm{A^-}] \gg [\mathrm{H_3O^+}]$, $[\mathrm{OH^-}]$ であるので，式 (3.35) 右辺は第 3 項のみで表すことができる．これを pH で微分して 0 とおくと，$[\mathrm{H_3O^+}] = K_\mathrm{a}$ となり，そこでの極大値 $\beta = (2.3/4)C_\mathrm{total}$ となることが理解できる．つまり，弱酸を部分的に中和した溶液は pH 緩衝能をもち，その大きさは $\mathrm{pH} = pK_\mathrm{a}$ で最大になる．式 (3.22) の議論から明らかなように，弱酸とその共役塩基の等量混合物の pH は pK_a に等しく，その溶液は高い pH 緩衝能をもつ．これは，pH 滴定の実験において，この pH（$= pK_\mathrm{a}$）付近では塩基を加えてもなかなか溶液の pH が増加しないという実験時の感覚と一致する．この現象を利用すると，反応によって $\mathrm{H^+}$ が放出されたり消費されたりする場合で

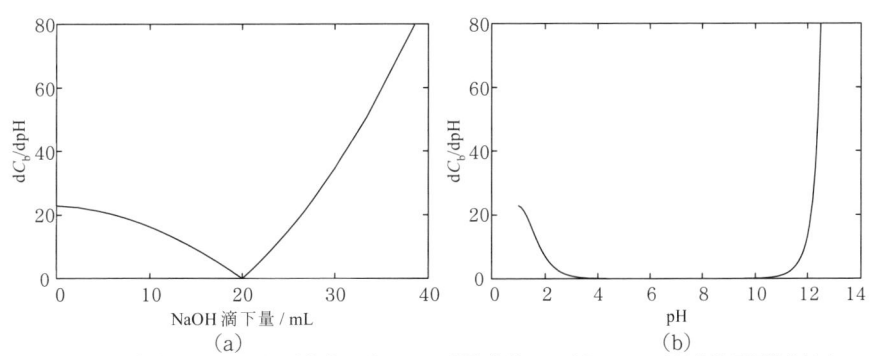

図 3.9 強酸 (0.100 M HCl)-強塩基の系における緩衝指数 β の (a) NaOH 水溶液滴下量依存性と (b) pH 依存性

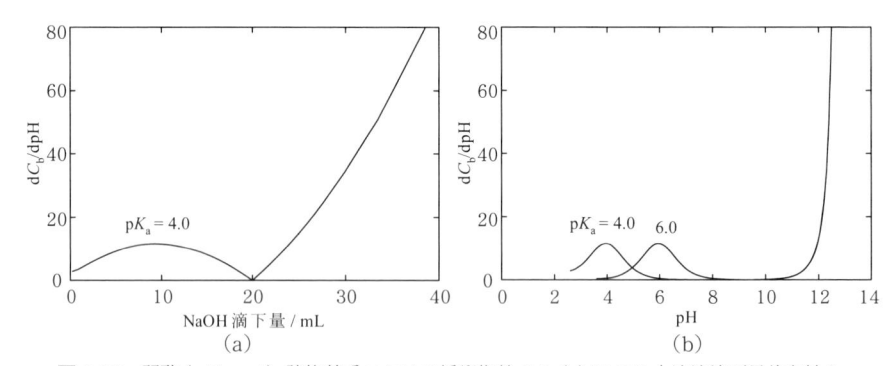

図 3.10 弱酸（pK_a = 4）-強塩基系における緩衝指数 β の (a) NaOH 水溶液滴下量依存性と (b) pH 依存性
(b) には pK_a = 6 の場合も示す．

も，反応前後での pH 変化を最小限にとどめることが可能となる．

先に，強酸や強塩基の水溶液も β の値が大きく，pH 緩衝能があると見なせると述べた．しかし，強酸や強塩基の水溶液と弱酸を一部中和した水溶液との pH 緩衝能には決定的な違いがある．つまり，前者では酸または塩基の濃度により pH と β の両方が決まってしまうのに対し，後者では C_{total} によって決まるのは β の大きさのみであり，緩衝される pH は基本的には式 (3.22) で決まるという違いである（この式には C_{total} に相当する項は含まれない）．

たとえば，2.0×10^{-3} M の HCl 水溶液の pH は 2.7 であり，$\beta = 4.6 \times 10^{-3}$ である．これに対して，$C_{total} = 8.0 \times 10^{-3}$ M の酢酸-酢酸ナトリウムの 1：1 混合溶液の pH は 4.76 であり，やはり $\beta = 4.6 \times 10^{-3}$ である．これらの溶液に 5×10^{-3} M だけ塩基が加えられると，いずれの pH も 0.01（= $5 \times 10^{-3}/\beta$）だけ増加する．このように，酸または塩基の添加による pH 変動を小さくとどめるのが pH 緩衝溶液に求められる機能である．しかし，より多量の酸や塩基を加えると，pH 変動は大きくなってしまう．加える塩基の量を 100 倍にして，それぞれの緩衝溶液に 5×10^{-3} M の塩基を加えると，どちらの溶液も塩基性になってしまう．つまり，pH 緩衝溶液としては有効に機能しない．すなわち，pH 緩衝能を超える量の塩基が加えられると pH 変動幅を小さく保つことができない．多量の塩基の添加に対しても pH 変動の幅を小さく保つには，β を大きくしなければならない．HCl 水溶液の場合，β を大きくするには濃度を高くするしかなく，その結果，濃度増加とともに pH も低くなってしまう．つまり，pH を変えずに β だけを大きくすることはできない．これに対し，酢酸-酢酸ナトリウムの 1：1 混合溶液の場合は，濃度を 100 倍にすると（C_{total} = 0.80 M），β は 100 倍になるが（β = 0.46），pH は変わらない．したがって，この pH=4.76 の緩衝溶液を用いると，5×10^{-3} M の塩基が加えられても水溶液の pH 増加を 0.01 に抑えることができる．また，HCl 水溶液は 10 倍に希釈すると pH が変化する（高濃度では pH は 1 だけ増加する）のに対し，弱酸の緩衝溶液の pH は基本的に変化しない（式 (3.22) 参照）．以上のことから，適切な pK_a をもつ弱酸（弱塩基）が利用できるときには，弱酸と弱酸の塩との組み合わせが緩衝溶液として用いられる．

> **COLUMN**
>
> **身近な pH 緩衝溶液**
>
> pH 緩衝作用は自然界でも重要な役割を果たしている．たとえば，身近な pH 緩衝溶液に血液や海水がある．血液の pH は約 7.4 に保たれており，これよりも大幅に酸性あるいは塩基性になると生命が脅かされる．血液中には二酸化炭素（CO_2）と炭酸水素イオン（HCO_3^-）があり，炭酸（$pK_1 = 6.35$, $pK_2 = 10.33$）の酸塩基系が血液の pH 緩衝作用の主な担い手になっている．海水の pH は 8 程度に緩衝されており，これにも炭酸系が関係しているともいわれるが，固体を含めた複雑な系を構成することによって緩衝溶液となっているようである．

f. 多塩基酸の強塩基による滴定

0.100 M リン酸（H_3PO_4）と 0.100 M コハク酸（$HOOC-CH_2-CH_2-COOH$）20.0 mL を NaOH 水溶液で滴定したときに得られる pH 滴定曲線をそれぞれ図 3.11 と図 3.12 に示す．多塩基酸[11]では，一般に段階的な酸解離平衡を考え，各段階の酸解離定数を $K_1 \sim K_n$ のように表す．

$$H_nA + H_2O \underset{}{\overset{K_1}{\rightleftharpoons}} H_3O^+ + H_{n-1}A^-$$

$$H_{n-1}A^- + H_2O \underset{}{\overset{K_2}{\rightleftharpoons}} H_3O^+ + H_{n-2}A^{2-}$$

$$\vdots$$

$$HA^{(n-1)-} + H_2O \underset{}{\overset{K_n}{\rightleftharpoons}} H_3O^+ + A^{n-}$$

$$K_1 = \frac{[H_{n-1}A^-][H_3O^+]}{[H_nA]}$$

$$K_2 = \frac{[H_{n-2}A^{2-}][H_3O^+]}{[H_{n-1}A^-]}$$

$$\vdots$$

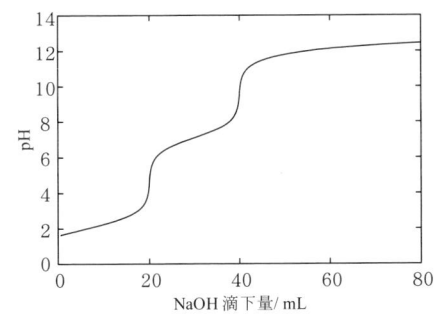

図 3.11 リン酸 20.0 mL を NaOH 水溶液で滴定した場合の pH 滴定曲線
リン酸および NaOH 水溶液濃度は 0.100 M である．

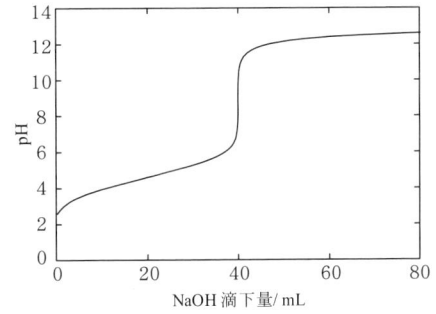

図 3.12 コハク酸 20.0 mL を NaOH 水溶液で滴定した場合の pH 滴定曲線
コハク酸および NaOH 水溶液濃度は 0.100 M である．

---

[11] 多塩基酸： 解離できる水素を複数もつ酸を多塩基酸（2 つのときは二塩基酸，3 つのときは三塩基酸など），H^+ を複数受け入れることができる塩基を多酸塩基という．

$$K_n = \frac{[\text{A}^{n-}][\text{H}_3\text{O}^+]}{[\text{HA}^{(n-1)-}]}$$

表 3.2 に示したように，リン酸では，pK_1 = 2.15，pK_2 = 7.20，pK_3 = 12.35 であり，コハク酸では pK_1 = 3.99，pK_2 = 5.20 である．リン酸は三塩基酸であるが，滴定曲線における段階的な変化は 2 段階しか確認できず，コハク酸は二塩基酸だが 1 段階で滴定されているようにみえる．c 項で議論したように，リン酸の第 3 解離は水の中ではほとんど pH 変化としては検出できないので，三塩基酸であるにもかかわらず，リン酸の滴定曲線には H_3PO_4 と H_2PO_4^- の中和に相当する 2 段階の pH 変化のみがみられる．一方，コハク酸では第 1 解離と第 2 解離が比較的近いために個々の段階が区別できずに 1 段階で中和が起きたようにみえる．

これらの系で起きている現象もこれまでと同じように議論することができる．リン酸の滴定曲線について詳しく考えてみることにしよう．電荷均衡式は，式 (3.5) と同様に，

$$[\text{H}_3\text{O}^+] + [\text{Na}^+] = [\text{OH}^-] + [\text{H}_2\text{PO}_4^-] + 2[\text{HPO}_4^{2-}] + 3[\text{PO}_4^{3-}] \tag{3.36}$$

と書くことができる．この式に，C_total と酸解離定数を代入すると $[\text{H}_3\text{O}^+]$ に関する 5 次方程式となるが，上述の議論と同様，適切な近似を行うときわめて簡単に計算ができる．c 項と同じようにいくつかの領域に分けて考えてみる．

(1) 滴定が始まる前—リン酸の水溶液—

リン酸の場合，K_1 は K_2 や K_3 に比べて，圧倒的に大きい．また，リン酸の水溶液は酸性であり，酸の解離は抑制されている．つまり，HPO_4^{2-} や PO_4^{3-} はきわめて小さいはずである．その場合，式 (3.36) は次のように書き替えられる．

$$[\text{H}_3\text{O}^+] = [\text{H}_2\text{PO}_4^-] = \frac{K_1 C_\text{total}}{[\text{H}_3\text{O}^+] + K_1} \tag{3.37}$$

この考えは，リン酸を一塩基酸と見なしていることに相当する．式 (3.37) を整理すると式 (3.18) と同様な次式が得られる．

$$[\text{H}_3\text{O}^+]^2 + K_1[\text{H}_3\text{O}^+] - K_1 C_\text{total} = 0 \tag{3.38}$$

C_total に比べて $[\text{H}_3\text{O}^+]$ が小さいときには，

$$[\text{H}_3\text{O}^+] = \sqrt{K_1 C_\text{total}} \tag{3.39}$$

から $[\text{H}_3\text{O}^+]$ を見積もることができる．C_total = 0.100 M のとき，式 (3.39) からは $[\text{H}_3\text{O}^+]$ = 0.027 M となり，C_total に比べて $[\text{H}_3\text{O}^+]$ が小さいとはいえず，この近似は適用できない．そこで，式 (3.38) に基づいて，$[\text{H}_3\text{O}^+]$ = 0.023 M を得る．

第 2 解離の解離定数に $[\text{H}_3\text{O}^+] = [\text{H}_2\text{PO}_4^-]$ の関係を代入すると，

$$K_2 = \frac{[\text{HPO}_4^{2-}][\text{H}_3\text{O}^+]}{[\text{H}_2\text{PO}_4^-]} = [\text{HPO}_4^{2-}] \tag{3.40}$$

となり，$[\text{HPO}_4^{2-}] = 6.3 \times 10^{-8}$ M であることがわかる．つまり，第 2 解離が全く起きないわけではないが，第 2 解離からの $[\text{H}_3\text{O}^+]$ への寄与はごくわずかで

あり，第 1 解離からの寄与に比べると無視できる．同様に，

$$[\mathrm{PO_4^{3-}}] = \frac{K_2 K_3}{[\mathrm{H_3O^+}]} = 1.2 \times 10^{-18}\ \mathrm{M} \tag{3.41}$$

となるので，第 3 解離を考慮する必要は全くない．

(2) 第 1 当量点まで

はじめに，第 1 当量点（図 3.11 では 20.0 mL の NaOH 水溶液が添加された点）での $[\mathrm{H_3O^+}]$ を求めてみよう．第 1 当量点の溶液は 0.050 M の $\mathrm{NaH_2PO_4}$ 水溶液である．$\mathrm{H_2PO_4^-}$ は，次の酸塩基反応に関与する．

$$\mathrm{H_2PO_4^-} + \mathrm{H_2O} \underset{}{\overset{K_2}{\rightleftharpoons}} \mathrm{H_3O^+} + \mathrm{HPO_4^{2-}}$$

$$\mathrm{H_2PO_4^-} + \mathrm{H_2O} \underset{}{\overset{K_{b_3} = K_w / K_1}{\rightleftharpoons}} \mathrm{H_3PO_4} + \mathrm{OH^-}$$

電荷均衡式と質量均衡式から式（3.42）が得られる．

$$[\mathrm{Na^+}] + [\mathrm{H_3O^+}] = [\mathrm{OH^-}] + [\mathrm{H_2PO_4^-}] + 2[\mathrm{HPO_4^{2-}}]$$

$$C_\mathrm{total} = [\mathrm{Na^+}] = [\mathrm{H_3PO_4}] + [\mathrm{H_2PO_4^-}] + [\mathrm{HPO_4^{2-}}]$$

$$[\mathrm{H_3PO_4}] + [\mathrm{H_3O^+}] = [\mathrm{OH^-}] + [\mathrm{HPO_4^{2-}}] \tag{3.42}$$

この式を，リン酸の K_1 と K_2 を用いて変換すると，

$$\frac{[\mathrm{H_2PO_4^-}][\mathrm{H_3O^+}]}{K_1} + [\mathrm{H_3O^+}] = \frac{K_w}{[\mathrm{H_3O^+}]} + \frac{K_2[\mathrm{H_2PO_4^-}]}{[\mathrm{H_3O^+}]} \tag{3.43}$$

となる．これを整理すると，

$$[\mathrm{H_3O^+}] = \sqrt{\frac{K_1 K_w + K_1 K_2 [\mathrm{H_2PO_4^-}]}{[\mathrm{H_2PO_4^-}] + K_1}} \tag{3.44}$$

が得られる．ここで，$\mathrm{H_2PO_4^-}$ の $\mathrm{H_3PO_4}$ や $\mathrm{HPO_4^{2-}}$ への変化が無視できると仮定すると，$[\mathrm{H_2PO_4^-}] = C_\mathrm{total}$ となり，式（3.44）は次の形になる．

$$[\mathrm{H_3O^+}] = \sqrt{\frac{K_1 K_w + K_1 K_2 C_\mathrm{total}}{C_\mathrm{total} + K_1}} \tag{3.45}$$

この式によると，$C_\mathrm{total} = 0.050$ M のときには，$[\mathrm{H_3O^+}] = 1.98 \times 10^{-5}$ M（pH 4.70）である．このとき $[\mathrm{H_3PO_4}] = 1.39 \times 10^{-4}$ M，$[\mathrm{HPO_4^{2-}}] = 1.59 \times 10^{-4}$ M であるので，ほとんどすべてのリン酸化学種が $\mathrm{H_2PO_4^{2-}}$（0.050 M）として存在するとした仮定は正しいことがわかる．

以上のことは，図 3.11 の滴定曲線における第 1 当量点以前の領域で，$\mathrm{H_3PO_4}$ が一塩基酸として振る舞うと考えてよいことを示している．つまり，式（3.14）の K_a を K_1 に置き換えることで $[\mathrm{H_3O^+}]$ を計算できる．

$$K_1 = \frac{([\mathrm{H_3O^+}] + [\mathrm{Na^+}])[\mathrm{H_3O^+}]}{C_\mathrm{total} - ([\mathrm{H_3O^+}] + [\mathrm{Na^+}])} \tag{3.46}$$

また，滴定が十分進んで，$[\mathrm{Na^+}]$ に比べて $[\mathrm{H_3O^+}]$ を無視できるようになると，式（3.22）同様，$C_\mathrm{H_2PO_4^-} = [\mathrm{Na^+}]$，$C_\mathrm{H_3PO_4} = C_\mathrm{total} - [\mathrm{Na^+}]$ のリン酸水素ナトリウムとリン酸を混合した水溶液と見なすことができる．したがって，

$$\mathrm{pH} = \mathrm{p}K_1 + \log\frac{C_{\mathrm{H_2PO_4^-}}}{C_{\mathrm{H_3PO_4}}} \tag{3.47}$$

によって pH を表すことができる．

(3) 第 1 当量点から第 2 当量点まで

(2) での議論が同様に当てはまる．つまり，第 2 当量点での $[\mathrm{H_3O^+}]$ は，式 (3.48) で表され，そこに至るまでの途中の $[\mathrm{H_3O^+}]$ は式 (3.49) で表される．

$$[\mathrm{H_3O^+}] = \sqrt{\frac{K_2 K_\mathrm{w} + K_2 K_3 C_{\mathrm{total}}}{C_{\mathrm{total}} + K_2}} \tag{3.48}$$

$$\mathrm{pH} = \mathrm{p}K_2 + \log\frac{C_{\mathrm{HPO_4^{2-}}}}{C_{\mathrm{H_2PO_4^-}}} \tag{3.49}$$

第 2 当量点では $C_{\mathrm{total}} = 0.0333\,\mathrm{M}$ であるので，$[\mathrm{H_3O^+}] = 1.68\times10^{-10}\,\mathrm{M}$（pH 9.77）である．第 1 当量点から第 2 当量点に達するまでの中性付近では，式 (3.49) を得るための近似が正しいことも明らかであろう．

(4) 第 2 当量点以降

第 3 当量点は，$C_{\mathrm{total}} = 0.025\,\mathrm{M}$ の $\mathrm{Na_3PO_4}$ 溶液に相当する．これを，$\mathrm{p}K_{\mathrm{b}_1} = 1.65$ の塩基の水溶液であると考えると，式 (3.28) から，$[\mathrm{OH^-}] = 0.015\,\mathrm{M}$，$[\mathrm{H_3O^+}] = 6.68\times10^{-13}\,\mathrm{M}$（pH 12.2）を得る．0.100 M NaOH 溶液を単純に水で希釈したときの pH が 12.4 であるので，単純希釈とリン酸の存在による pH の差は 0.2 程度になってしまっている．このことからも，第 3 当量点が明確には検出できないことがわかる．

第 2 当量点以降の溶液は塩基性であるので，式 (3.16) の導出と同じ手順を踏むと，式 (3.50) を得る．

$$K_3 = \frac{([\mathrm{Na^+}]-[\mathrm{OH^-}]-2C_{\mathrm{total}})[\mathrm{H_3O^+}]}{3C_{\mathrm{total}}-([\mathrm{Na^+}]-[\mathrm{OH^-}])} \tag{3.50}$$

この式から，$[\mathrm{H_3O^+}]$ を算出できることがわかる．

リン酸のように複雑な系であっても，酸解離定数，電荷均衡および物質収支の式から，$[\mathrm{H_3O^+}]$ に関する方程式を導出できる．さらに適切な近似を行うことで，ほとんどの場合，2 次以下の簡単な方程式から $[\mathrm{H_3O^+}]$ が算出できることがわかった．一方，このような過程を追跡するのに，あらかじめ $[\mathrm{H_3O^+}]$ を与えると，近似なしに酸塩基の解離状態について議論が可能である．リン酸を例にとると，物質収支の式と酸解離定数から，リン酸の解離度（$\alpha_0 \sim \alpha_3$）について，以下の関係を導くことができる．

$$\alpha_0 = \frac{[\mathrm{H_3PO_4}]}{C_{\mathrm{total}}} = \frac{[\mathrm{H_3O^+}]^3}{[\mathrm{H_3O^+}]^3+[\mathrm{H_3O^+}]^2 K_1+[\mathrm{H_3O^+}]K_1 K_2+K_1 K_2 K_3} \tag{3.51}$$

$$\alpha_1 = \frac{[\mathrm{H_2PO_4^-}]}{C_{\mathrm{total}}} = \frac{[\mathrm{H_3O^+}]^2 K_1}{[\mathrm{H_3O^+}]^3+[\mathrm{H_3O^+}]^2 K_1+[\mathrm{H_3O^+}]K_1 K_2+K_1 K_2 K_3} \tag{3.52}$$

$$\alpha_2 = \frac{[\mathrm{HPO_4^{2-}}]}{C_{\mathrm{total}}} = \frac{[\mathrm{H_3O^+}]K_1K_2}{[\mathrm{H_3O^+}]^3+[\mathrm{H_3O^+}]^2K_1+[\mathrm{H_3O^+}]K_1K_2+K_1K_2K_3} \tag{3.53}$$

$$\alpha_3 = \frac{[\mathrm{PO_4^{3-}}]}{C_{\mathrm{total}}} = \frac{K_1K_2K_3}{[\mathrm{H_3O^+}]^3+[\mathrm{H_3O^+}]^2K_1+[\mathrm{H_3O^+}]K_1K_2+K_1K_2K_3} \tag{3.54}$$

二塩基酸の場合は $K_3 = 0$, 一塩基酸では $K_2 = K_3 = 0$ とおけば各化学種の分率が得られる．式（3.51）〜（3.54）を用いてリン酸の滴定の間にリン酸の化学種の存在比がどのように推移したかを計算した結果を図 3.13 に示す．図 3.13（a）は横軸が添加した NaOH の容量，図 3.13（b）は横軸が pH である．図 3.13（a）から，リン酸の 3 つの解離が独立して起きると考えた計算が適切であることが理解できる．すなわち，第 1 当量点に至るまでに存在するリン酸の化学種は $\mathrm{H_3PO_4}$ と $\mathrm{H_2PO_4^-}$ のみである．同様に第 1 当量点から第 2 当量点までは，$\mathrm{H_2PO_4^-}$ と $\mathrm{HPO_4^{2-}}$ のみである．この 2 つの当量点ではリン酸の第 1 解離と第 2 解離がそれぞれ全く独立に中和反応に関与しており，また当量点で一方の化学種の濃度がほぼ 0 になっていることが理解できる．これに対して，第 3 当量点では $\mathrm{HPO_4^{2-}}$ と $\mathrm{PO_4^{3-}}$ が両方存在しており，また，pH が 12 を超えても後者だけが存在することはなく常にこれらの化学種が混在していることが理解できる．

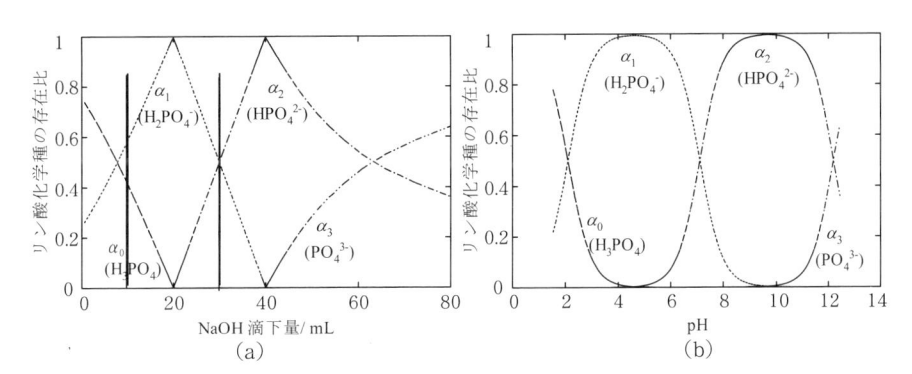

図 3.13 リン酸を NaOH 水溶液で pH 滴定した際の化学種成分比の変化
（a）NaOH 水溶液滴下量依存性，（b）pH 依存性．（a）の縦線は半当量点を表す．

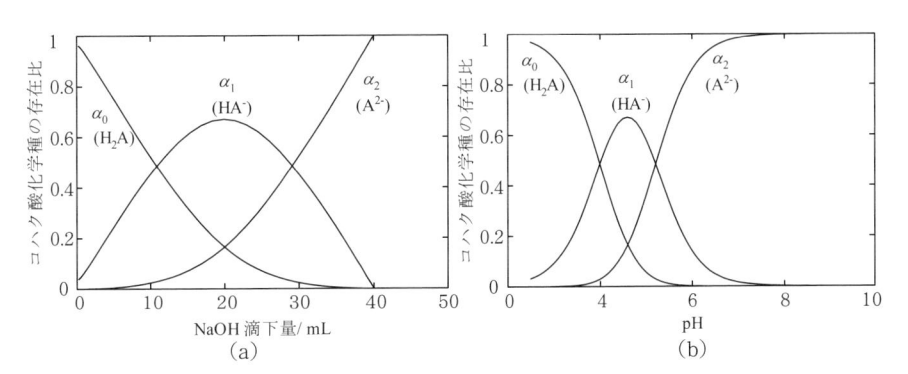

図 3.14 コハク酸を NaOH 水溶液で pH 滴定した際の化学成分比の変化
（a）NaOH 水溶液滴下量依存性，（b）pH 依存性．

それでは，K_1 と K_2 が比較的近い値をとるコハク酸の場合はどうだろうか．図 3.14 にコハク酸を滴定したときの化学種の濃度変化を示す．リン酸の場合とは異なり，第 1 当量点では，すでに 2 段階目の解離が進んでいることがわかる．このために，図 3.12 に示したように，二塩基酸であるにもかかわらず，滴定曲線は一塩基酸であるかのような概観を示している．しかし，第 2 当量点では 2 段階目の解離が定量的に起きており，ここではすべてが 2 価のコハク酸イオンになっている．このことを念頭に，いくつかの計算をしてみると以下のようになる．

(1) 滴定開始前

式 (3.38) を適用して，$C_{\text{total}} = 0.100$ M では $[H_3O^+] = 3.20 \times 10^{-3}$ M となる．念のために式 (3.39) から求めると $[H_3O^+] = 3.15 \times 10^{-3}$ M である．両者の差はわずかであり，有効数字 2 桁の計算では，式 (3.39) で十分である．このとき，第 2 解離から $[H_3O^+]$ への寄与は K_2 に等しく，6.31×10^{-6} M である．したがって，コハク酸のように第 1 解離定数と第 2 解離定数が近い場合でも第 2 解離は無視できることがわかる．滴定が始まる前には 2 価のコハク酸イオンの存在が無視できることが図 3.14 からも確認できる．

(2) 第 1 当量点

第 1 当量点は，コハク酸水素ナトリウム（NaHA）の水溶液である．上述のとおり，式 (3.44) に相当する次の式から $[H_3O^+]$ を計算できる．

$$[H_3O^+] = \sqrt{\frac{K_1 K_w + K_1 K_2 [HA^-]}{[HA^-] + K_2}} \tag{3.55}$$

しかし，リン酸の場合とは異なり，溶解した HA^- はかなりの割合で H_2A および A^{2-} に変化する（図 3.14 参照）．したがって，$[HA^-] = C_{\text{total}}$ の近似は成り立たない．しかし，$[HA^-] \gg K_2$，$K_2[HA^-] \gg K_w$ と考えることは問題なさそうである．この場合，式 (3.55) は，

$$[H_3O^+] = \sqrt{K_1 K_2} \tag{3.56}$$

となり，NaHA の濃度とは無関係に $[H_3O^+]$ が決まる．コハク酸では $[H_3O^+] = 2.54 \times 10^{-5}$ M である．

(3) 第 2 当量点

第 2 当量点は，単純にコハク酸ナトリウム（Na$_2$A）の水溶液である．$C_{\text{total}} = 0.0333$ M，pK_{b_1} が 8.8 の弱塩基の水溶液であるので，式 (3.29) から $[H_3O^+] = 1.38 \times 10^{-8}$ M（pH 8.86）となる．

COLUMN

滴定曲線のシミュレーション

ここまでの議論に基づいて滴定曲線のシミュレーションをしてみると，内容をより深く理解することができる．滴定物質の添加量からそのときの pH を計算するには，近似をどのようにするかをよく考えなければならないが，発想を少し変えると計算が大幅に簡略化される．水溶液の pH が決まっていると，水溶液中の化学種の濃度計算を行うのは簡単である．たとえば，リン酸のような三塩基酸でも，式 (3.31) ～

(3.34) からすべての溶存化学種の濃度を計算できる．はじめに適当な pH 範囲を，酸のみの水溶液と塩基が過剰の水溶液の pH から決めておき，その間を適当に（たとえば 0.1 ごとに）分割する．

一塩基弱酸（HA）を NaOH 水溶液で滴定する場合，電荷均衡式を以下のように書き替えることができる．

$$[H_3O^+] + [Na^+] = [OH^-] + [A^-]$$

$$[H_3O^+] + \frac{C_{total} V_{ini}}{V_{ini} + V_{NaOH}} = \frac{K_w}{[H_3O^+]} + \frac{K_a}{([H_3O^+] + K_a)} \cdot \frac{C_{total}}{V_{ini} + V_{NaOH}}$$

ここで，V_{ini}，V_{NaOH} はそれぞれ被滴定溶液の滴定が始まる前の体積，滴下した NaOH 水溶液の体積である．C_{total}，V_{ini}，K_a はシミュレーションのために設定する値であるので各 pH の値を $[H_3O^+]$ に変換して上式に代入すれば，その pH に相当する V_{NaOH} が算出できる．Excel などの表計算ソフトを利用すると，簡単に種々の条件下での滴定曲線を計算できる．$[H_3O^+]$ を求める際も，この計算の値と比較すれば近似の妥当性がよくわかる．多塩基酸や多酸塩基の場合も同様に取り扱うことが可能である．

g. 指示薬を用いる酸塩基滴定

ここまでは，pH 電極を用いる滴定およびその間の溶液中に存在する化学種の濃度変化について述べてきた．酸塩基の滴定により酸または塩基の濃度を決定したいときには，pH 電極よりも指示薬を用いて滴定する方が一般的である．指示薬の種類や濃度はどのようにして決めればよいのかという実践的な問題に対応するためには，酸塩基滴定における指示薬の働きを理解しておく必要がある．

酸塩基指示薬は基本骨格に基づいて以下のように分類できる．

① ジアゾ系： メチルオレンジ，メチルレッド，アリザリンイエローR，エリオクロムブラックTなど．

［メチルオレンジ］

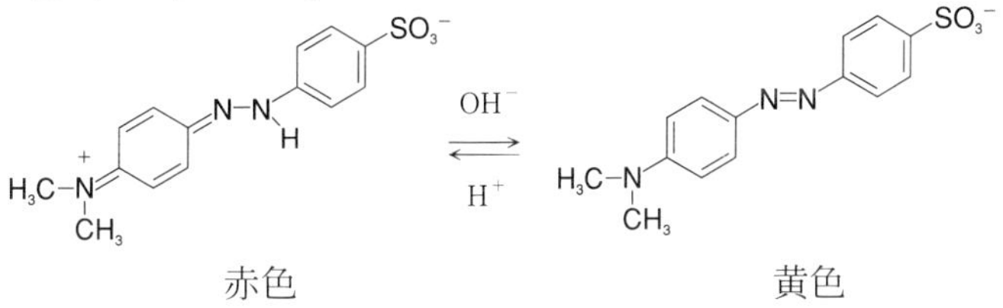

赤色　　　　　　　　　黄色

② ラクトン系： フェノールフタレイン，チモールフタレインなど．

［フェノールフタレイン］

無色　　　　　　　　　赤色

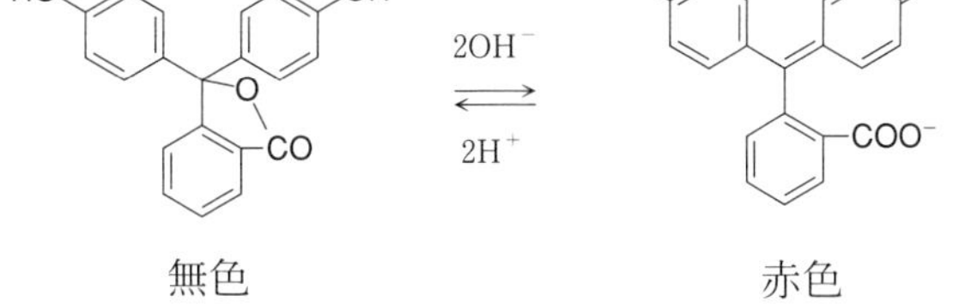

③サルトン系： ブロモフェノールブルー，フェノールレッド，チモールブルーなど．

[ブロモフェノールブルー]

黄色　　　　　　　　　　　　　　　　　　　　青色

④トリフェニルメタン系： メチルバイオレット，クリスタルバイオレットなど．

[メチルバイオレット]

黄色　　　　　　　　　青色

これらの酸塩基指示薬では，いずれも H^+ が分子に結合あるいは分子から解離する際に，電子共役系が大きく変化することから光の吸収波長が変化する．ジアゾ系では酸性で，他は塩基性で吸収帯が長波長シフトするように設計されている．

代表的な指示薬として単色性の指示薬[12]であるフェノールフタレインと二色性指示薬のメチルオレンジを例にとって考えてみる．上述のように，酸塩基指示薬は酸または塩基であり，酸性あるいは塩基性水溶液において構造が変化し，それに伴う色の変化に基づいて溶液の pH 変化や滴定の当量点を知ることができる．

図 3.15 はフェノールフタレインの吸収スペクトルである．フェノールフタレインは，塩基性水溶液中で 540 nm 付近に大きな吸収をもち，溶液は赤色であるが，中性，酸性水溶液中では無色である．これに対して，図 2.1 に示したように，メチルオレンジは酸性では 500 nm 付近に吸収極大をもつ赤色溶液，中性または塩基性では 460 nm 付近に吸収をもつ黄色の溶液を与える．この無色‒赤色と赤色‒黄色の変化を，人間の眼がどのように感じるのかということに密接に関連して，変色域が決まる．

---

[12] 指示薬の変色： あるpH領域で色をもち，他のpH領域では無色のものを単色性指示薬，異なる色をもつpH領域があるものを二（多）色性指示薬という．

（1） フェノールフタレイン

フェノールフタレイン（HIn と略す．In は indicator の略）の酸解離定数 pK_{HIn} は 9.7 である．

$$pH = pK_{HIn} + \log \frac{[In^-]}{[HIn]} \tag{3.57}$$

塩基性におけるフェノールフタレインの赤色は $[In^-] = 1 \times 10^{-6}$ M 以上であれば認識可能である．これは，$\lambda_{max} = 540$ nm における吸光度として約 0.01 に相当する．式 (3.57) に $[In^-] = 1 \times 10^{-6}$ M を代入すると，変色が起きる pH は $[HIn]$ の関数となり，フェノールフタレインの濃度によって変化することがわかる．滴定で通常用いられるフェノールフタレインの全濃度は $1 \times 10^{-5} \sim 5 \times 10^{-5}$ M 程度であるので，$[In^-]/[HIn] = 0.02 \sim 0.1$ 程度である．したがって，変色する pH は変色域は指示薬の全濃度と色の見極め方に依存し，pH が 8～8.7 の間で変化する．

強酸–強塩基の滴定では，フェノールフタレインが指示薬として用いられることが多い．図 3.1 の滴定をこの指示薬で行ったことを想定しよう．変色する pH は上述のとおり 8～9 程度である．仮に pH 9 で滴定の当量点であると判断したとすると，NaOH が若干量過剰に加えられたことになる．フェノールフタレインを用いて決定される滴定終点では $[OH^-] = 1 \times 10^{-5}$ M であるので，溶液全体では，0.04 L $\times 1 \times 10^{-5}$ M $= 4 \times 10^{-7}$ mol の塩基が過剰に加えられたことになる．溶液は滴定前，0.02 L $\times 1 \times 10^{-1}$ M $= 2 \times 10^{-3}$ mol の酸を含んでいたので，過剰に加えられた塩基に起因する滴定誤差はわずか 0.02%（$(4 \times 10^{-7})/(2 \times 10^{-3}) = 2 \times 10^{-4}$）である．全量フラスコの許容誤差[13]がおおむね 0.1% 程度であり，複数の容量器具を用いて溶液を調製し，滴定することを考慮すれば，過剰塩基による誤差は微々たるものである．つまり，滴定曲線の傾きが極端に大きい領域を利用しているので，指示薬を用いて求めた当量点の pH が 7 から多少ずれていてもこの場合は誤差の原因にならない．

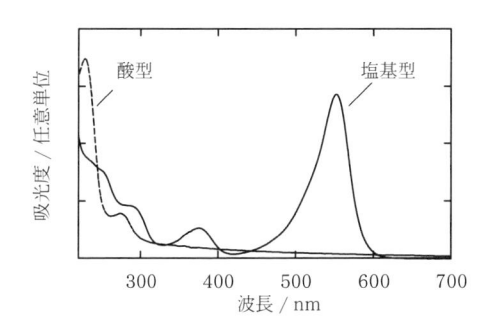

図 3.15 フェノールフタレインの吸収スペクトル
無色の酸型と赤色の塩基型．

---

13) 全量フラスコの許容誤差： JIS で決められている Class A の主な全量フラスコの許容誤差は以下のとおりである．全量（許容誤差）：50 mL（0.06 mL），100 mL（0.1 mL），200 mL（0.15 mL），500 mL（0.25 mL）．

(2) メチルオレンジ

メチルオレンジの解離定数 pK_{HIn} は 4 である．メチルオレンジの場合 $[In^-]/[HIn] = 5$ のときに In^- の黄色が，$[In^-]/[HIn] = 0.2$ のときには HIn の赤色が優勢にみえる．したがって式（3.57）から，

$$pH = pK_{HIn} \pm 0.7 \tag{3.58}$$

が変色域ということになる．したがって，二色性指示薬では変色域がその濃度にはよらないことがわかる．

以上のことから，指示薬が単色性か二色性かにより変色域が異なり，前者では指示薬濃度によって異なるのに対し，後者では濃度にはよらないことがわかる．したがって，二色性指示薬を用いるときには，pK_{HIn} が滴定の当量点の pH に近い指示薬を選べばよいが，単色性の場合は pK_{HIn} から 1 以上離れた pH で変色することがあるので注意が必要である．また，フェノールフタレインの濃度が高いと pH が 7 近くで変色するという理由で，あまりに高い濃度で用いると，指示薬自体が酸であるので，新たな誤差が生ずることも考慮に入れておかなければならない．一般に，滴定曲線の傾きは当量点付近できわめて大きな傾きをもっているので，当量点での pH と指示薬の変色域が完全に一致している必要はなく，当量点の pH に近い pK_a をもつ指示薬を選べばよい．

3.2 キレート滴定

a. 錯生成反応

酸塩基滴定がブレンステッド酸とブレンステッド塩基間の反応を利用しているのに対し，ルイス酸とルイス塩基間の反応を利用する滴定法にキレート滴定がある．キレート滴定は電子受容体としての金属イオンと電子供与体の配位子間で起きる錯生成反応を利用する方法である．水中で金属イオンは，水を配位子とした水和イオンとして存在する．したがって，水中で金属イオン（M^{n+}）が配位子 L と錯生成すると，以下の置換反応が起きる．

$$[M(H_2O)_x]^{n+} + L \rightleftharpoons [ML(H_2O)_{x-y}]^{n+} + yH_2O \tag{3.59}$$

一般的には水が配位していることは自明であり，平衡論的にも不要なので，式（3.59）を単に，

$$M^{n+} + L \rightleftharpoons [ML]^{n+} \tag{3.60}$$

と表すこととする．

金属イオンと錯体を形成する配位子には種々のものがあるが，基本的には電子供与体となりうる原子を含む分子またはイオンである．したがって，陰イオンは配位子になりうるし，電気的に中性であっても酸素原子や窒素原子を含む分子は多くの場合，配位子として働く．1 分子中に配位原子を 1 つだけ含むものを単座配位子，2 つ以上含むものを多座配位子という．前者の代表的なものに，ハロゲン化物イオン，アンモニア，水などがあり，後者にはエチレンジアミン，ビピリ

ジン，アミノ酸類，シュウ酸，クラウンエーテルなど多数の例がある．これらの例から明らかなように，配位子は特殊なものを除けばブレンステッド塩基である．したがって，このような配位子はルイス酸塩基反応により金属イオンとは錯生成すると同時に，ブレンステッド酸塩基平衡にも関与してH$^+$の授受を行う．

アンモニア（NH$_3$）を例にとって詳しく考えてみよう．Cu^{2+}の水溶液に過剰のNH$_3$を加えると濃青色になる．これは，次の錯生成反応によるものである．

$$Cu^{2+} + NH_3 \underset{}{\overset{K_1}{\rightleftarrows}} [Cu(NH_3)]^{2+} \tag{3.61}$$

$$[Cu(NH_3)]^{2+} + NH_3 \underset{}{\overset{K_2}{\rightleftarrows}} [Cu(NH_3)_2]^{2+} \tag{3.62}$$

$$[Cu(NH_3)_2]^{2+} + NH_3 \underset{}{\overset{K_3}{\rightleftarrows}} [Cu(NH_3)_3]^{2+} \tag{3.63}$$

$$[Cu(NH_3)_3]^{2+} + NH_3 \underset{}{\overset{K_4}{\rightleftarrows}} [Cu(NH_3)_4]^{2+} \tag{3.64}$$

ブレンステッド酸の解離とは異なり，錯生成反応は錯体が生成する方向に記述する[14]．また，配位子が1つずつ順次結合していくときの生成定数を逐次生成定数と呼び，Kを用いて表す．これらの反応を次のように書くこともできる．

$$Cu^{2+} + NH_3 \underset{}{\overset{K_1}{\rightleftarrows}} [Cu(NH_3)]^{2+} \tag{3.61}$$

$$Cu^{2+} + 2NH_3 \underset{}{\overset{\beta_2}{\rightleftarrows}} [Cu(NH_3)_2]^{2+} \tag{3.65}$$

$$Cu^{2+} + 3NH_3 \underset{}{\overset{\beta_3}{\rightleftarrows}} [Cu(NH_3)_3]^{2+} \tag{3.66}$$

$$Cu^{2+} + 4NH_3 \underset{}{\overset{\beta_4}{\rightleftarrows}} [Cu(NH_3)_4]^{2+} \tag{3.67}$$

このときの平衡定数を全生成定数と呼ぶ．ここで，$\beta_2 = K_1 K_2$，$\beta_3 = K_1 K_2 K_3$，$\beta_4 = K_1 K_2 K_3 K_4$の関係がある．いくつかの錯生成定数を表3.3に示す．多段階の錯生成では，基本的に逐次錯生成定数は段階を経るごとに小さくなり，全生成定数では逆に大きくなる．

NH$_3$はpK_b（= pK_w − pK_a）が4.76のブレンステッド塩基であるので，H$_3$O$^+$と式（3.32）のように反応する．式（3.32）と式（3.61）は，H$_3$O$^+$とCu^{2+}とが入れ替わっただけで，本質的には同じ形をしている．BrønstedとLewisの定義による違いがあるとはいえ，どちらも酸塩基の反応であることがよくわかる．図3.16（a）は，0.0100 MのHCl水溶液20.0 mLを0.100 MのNH$_3$水溶液で滴定したときの滴定曲線である．下記のCu^{2+}水溶液の滴定との比較のために，HCl濃度をNH$_3$濃度の1/10に設定した．最終的に到達するpHが低いことを除くと（NaOHとNH$_3$の塩基性の違い），図3.1とほとんど同じであ

---

[14] 反応方向の習慣： 酸解離は解離方向の平衡として，錯生成は生成方向の平衡として表している．習慣上，多段階の酸解離と同じ平衡定数（K_1, K_2など）を用いているので注意すること．

る．それでは，滴定の対象となっているブレンステッド酸をルイス酸に変えるとどうなるだろうか．

図 3.16（b）は，HCl の代わりに同じ濃度の Cu^{2+} を NH_3 で滴定したときの滴定曲線である．ただし，簡単のため Cu^{2+} の水酸化物の沈殿[15]は生成せず式（3.61）〜（3.64）の Cu^{2+}-アンミン錯体のみが生成すると仮定した．また，滴定曲線の縦軸は pH 同様，$pCu = -\log[Cu^{2+}]$ とした．図 3.16 の（a）と（b）にはいくつかの違いがあるが，両者は類似しており，ブレンステッド酸塩基とルイス酸塩基の反応の類似性がよくわかる．一方，HCl の滴定に比べて，Cu^{2+} の滴定では，

① 当量点までに要する NH_3 の量が多い．
② 当量点付近での曲線の傾きが小さい．

という特徴がみられる．当量点までに多量の NH_3 を消費することは，式（3.61）〜（3.64）の多段階錯生成から理解できる．すなわち，定量的に $Cu(NH_3)_4^{2+}$ が生成するとすれば，HCl の滴定に対して 4 倍当量の NH_3 が消費されるはずであり，当量点は 8 mL の NH_3 を加えた点に相当する．滴定曲線からこの当量点を決定するのは，当量点付近の傾きが小さいことから難しいと考えられる．この小さな傾きも多段階の反応と関係がありそうである．

ブレンステッド酸塩基反応と同様に Cu^{2+}-NH_3 系を例にとって存在する化学種の濃度を計算してみよう．簡単のために，NH_3 濃度は Cu^{2+} に比べて大きく，また $[H_3O^+]$ も一定であるものとする．これらの条件が成り立つとき，錯生成反応の進行とは無関係に $[NH_3]$ は常に一定である．

$$C_{Cu} = [Cu^{2+}] + [Cu(NH_3)^{2+}] + [Cu(NH_3)_2^{2+}] + [Cu(NH_3)_3^{2+}]$$
$$+ [Cu(NH_3)_4^{2+}] \tag{3.68}$$
$$[Cu^{2+}] = C_{Cu}/f_{NH_3} \tag{3.69}$$

表 3.3 代表的な配位子と金属イオンの錯生成定数（25℃）

配位子	イオン	$K_1(=\beta_1)$	β_2	β_3	β_4	β_5	β_6
NH_3	Cu^{2+}	4.04	7.47	10.27	11.75		
	Ni^{2+}	2.72	4.89	6.55	7.67	8.34	8.31
	Zn^{2+}	2.21	4.5	6.86	8.89		
エチレンジアミン	Cu^{2+}	10.48	19.55				
	Ni^{2+}	7.32	13.5	17.61			
	Zn^{2+}	5.66	10.64	13.89			
EDTA	Ca^{2+}	10.61					
	Cu^{2+}	18.7					
	Mg^{2+}	8.83					
	Ni^{2+}	18.52					
	Zn^{2+}	16.44					

---

[15] Cu^{2+} の水酸化物：$Cu(OH)_2$ の溶解度積 K_{sp} は 2.2×10^{-20} である．したがって，過剰の NH_3 を加えない限り，塩基性溶液では $Cu(OH)_2$ が沈殿する．

$$[Cu(NH_3)^{2+}] = C_{Cu}K_1[NH_3]/f_{NH_3} \tag{3.70}$$

$$[Cu(NH_3)_2^{2+}] = C_{Cu}\beta_2[NH_3]^2/f_{NH_3} \tag{3.71}$$

$$[Cu(NH_3)_3^{2+}] = C_{Cu}\beta_3[NH_3]^3/f_{NH_3} \tag{3.72}$$

$$[Cu(NH_3)_4^{2+}] = C_{Cu}\beta_4[NH_3]^4/f_{NH_3} \tag{3.73}$$

$$f_{NH_3} = 1 + K_1[NH_3] + \beta_2[NH_3]^2 + \beta_3[NH_3]^3 + \beta_4[NH_3]^4 \tag{3.74}$$

これらの式を用いて図 3.16（b）の滴定の間に Cu^{2+} の化学種がどのように変化したのかを計算してみると図 3.17 のようになる．図 3.17（a）では $-\log[NH_3]$ を横軸としており，図 3.17（b）では滴定に加えた NH_3 水溶液の量を横軸にとっている．（a）から $[NH_3]$ が高くなるにつれて高次の錯体が生成する様子がわかる．しかし，4 種類の錯体が別々に生成するわけではなく，複数の化学種が常に共存している．また，（b）から滴定の進行とともに化学種がどのように変化するのかがよくわかる．NH_3 の添加による化学種の存在比の変化は，pH 変化による酸の化学種の存在比の変化の様子（図 3.13，3.14）に類似している．リン酸を NaOH で滴定したときには，第 1 当量点と第 2 当量点で優位に存在する化学種が順次入れ替わった．それに対し，当量点で常に複数の化学種が混在している

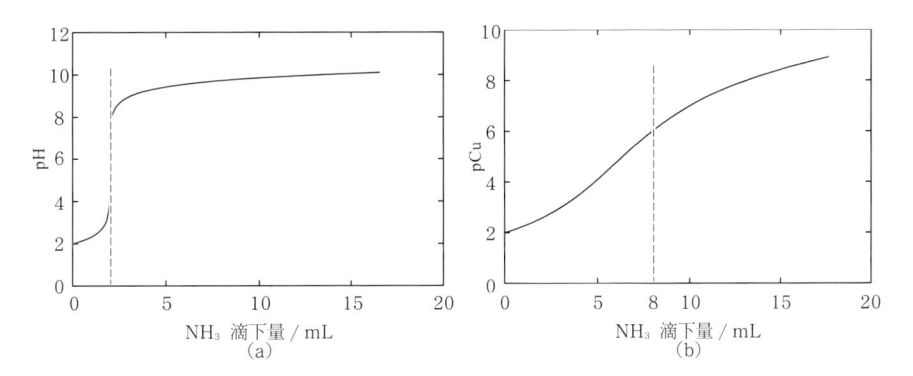

図 3.16 （a）0.0100 M HCl および（b）0.0100 M Cu^{2+} 水溶液を 0.100 M NH_3 水溶液で滴定した場合の滴定曲線

縦軸は pCu $= -\log[Cu^{2+}]$ であり，水酸化物の沈殿は生じないと仮定した．破線は当量点を表す．

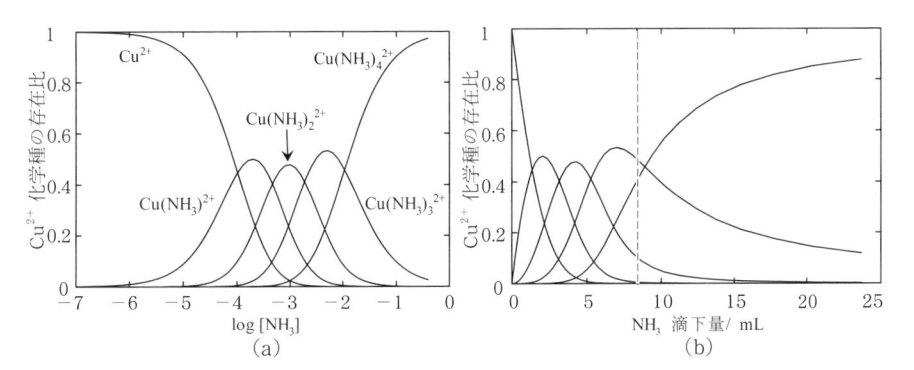

図 3.17 図 3.16（b）の滴定過程における Cu^{2+} 化学種存在比の変化

破線は当量点を表す．（a）横軸を NH_3 濃度にした場合，（b）横軸を滴定に用いた 0.100 M NH_3 水溶液の滴下量にした場合．

Cu^{2+}-NH$_3$系での化学種の存在比の変化は，pK_1とpK_2が近い値をとるコハク酸のpH滴定時の様子に似ている．滴定の観点から考えると，8 mLのNH$_3$を加えたとき，すべてのCu^{2+}がCu(NH$_3$)$_4^{2+}$として存在していれば，この系が滴定に用いる平衡反応として適切であることになる．しかし，実際には当量点において，Cu(NH$_3$)$_3^{2+}$の濃度の方がCu(NH$_3$)$_4^{2+}$の濃度より高く，さらにCu(NH$_3$)$_2^{2+}$も存在している．(b)に示すように，この系では当量点を超えて多量のNH$_3$を加え続けても，Cu^{2+}が定量的にCu(NH$_3$)$_4^{2+}$になることはなさそうである．この状況はリン酸の第3解離がNaOHによる滴定では検出できず，当量点では第3段階の中和が不完全で，HPO$_4^{2-}$とPO$_4^{3-}$が混在していたことと類似する（図3.13参照）．つまり，酸解離定数が小さすぎると中和反応が完結しなかったのと同様に，錯生成定数が小さいと配位子濃度を増加させても錯生成反応は完結しない．また，このようにあまり大きくない錯生成定数をもつ反応が多段階に進行すると，当量点を決めることが困難であることがわかる．

b. EDTAを用いるキレート滴定

図3.17の滴定曲線からは，当量点を求めることが難しかった．その原因としてCu^{2+}-NH$_3$系では多段階の錯生成が起きることと，錯生成定数が十分には大きくないことがあげられる．逆にいえば，1：1の化学量論比で錯生成反応が起き，その生成定数が大きければ滴定に適していると考えられる．NH$_3$のような単座配位子では複数の配位子が配位することは避けがたい．多くの遷移金属イオンが6配位であることから6座配位子がこの目的に適していると考えられる．このような観点から滴定に適した配位子として古くから用いられているのがエチレンジアミン四酢酸（EDTA）および類似の構造をもつ化合物である．このような多座配位子の錯体をキレート[16]化合物と呼び，それを用いた滴定をキレート滴定という．図3.18にEDTAおよび典型的な金属イオンのEDTA錯体の構造を示す．EDTAの中性の化学種は四塩基酸であり，すべてのH$^+$を放出した4価の陰イオンの形で4つの解離したカルボキシル基の酸素原子と2つのアミン窒素が電子供与原子として金属イオンに配位する．したがって，EDTAをH$_4$Y

図3.18 (a) EDTA（H$_4$Y）および (b) 典型的なEDTA金属錯体の構造

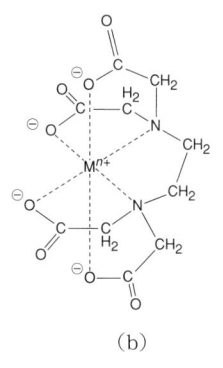

[16) キレート： 2個の配位原子と金属イオンからなる環状構造を含む錯体をキレートという．EDTA錯体では，M–N–C–C–O$^-$–MまたはM–N–C–C–N–Mの5員環構造が生じている．

と表記すると,
$$H_4Y \rightleftharpoons Y^{4-} + 4H^+ \tag{3.75}$$
$$M^{n+} + Y^{4-} \rightleftharpoons MY^{n-4} \tag{3.76}$$
のように反応が進む．

実際には式（3.75）の解離反応は4段階で進む．しかし，錯生成に関与するのはY^{4-}だけである[17]ので，キレート滴定においては$[Y^{4-}]$にだけ着目すればよい．式（3.51）～（3.54）同様の計算を行うと，錯体を生成していないEDTAの全濃度C_{EDTA}に対する$[Y^{4-}]$の割合α_4として以下の式が得られる．

$$\alpha_4 = \frac{[Y^{4-}]}{C_{\text{EDTA}}}$$

$$= \frac{K_1 K_2 K_3 K_4}{[H_3O^+]^4 + [H_3O^+]^3 K_1 + [H_3O^+]^2 K_1 K_2 + [H_3O^+] K_1 K_2 K_3 + K_1 K_2 K_3 K_4} \tag{3.77}$$

ここで，K_1, K_2, K_3, K_4はそれぞれH_4Y, H_3Y^-, H_2Y^{2-}, HY^{3-}の酸解離定数である．pHによるEDTA化学種の存在比とα_4の変化を図3.19に示す．キレート滴定では，適当なpH緩衝溶液を用いて溶液のpHを一定に保つことが多く，滴定の間はα_4も一定に保たれる．したがって，式（3.76）に対応する錯生成定数K_fは，以下のように表すことができる．

$$K_f = \frac{[MY^{n-4}]}{[M^{n+}][Y^{4-}]} = \frac{[MY^{n-4}]}{[M^{n+}]\alpha_4 C_{\text{EDTA}}}$$

$$K_f' = K_f \alpha_4 = \frac{[MY^{n-4}]}{[M^{n+}] C_{\text{EDTA}}} \tag{3.78}$$

式（3.78）を用いると，金属イオンのEDTAとの錯生成を考える際に，EDTAの解離状態を考慮する必要がなくなり，錯体を生成していないEDTAの全濃度C_{EDTA}だけ考慮すればよい．ここでK_f'を条件付き生成定数と呼ぶ．たとえば，

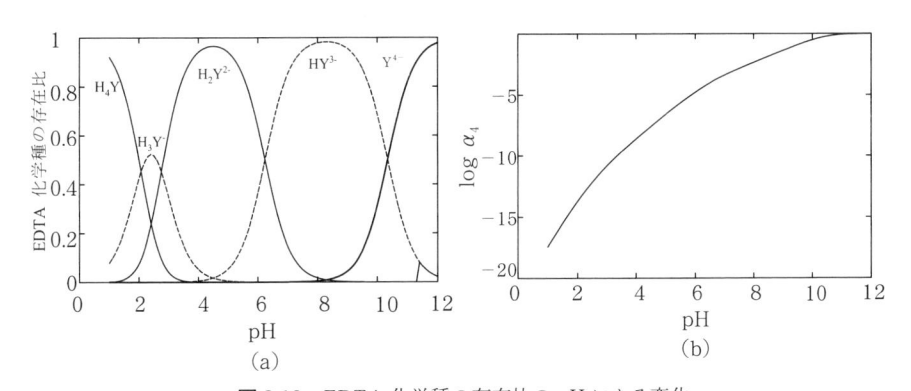

図 3.19 EDTA化学種の存在比のpHによる変化
(a) 5種類の解離化学種のpH依存性，(b) Y^{4-}の存在割合の対数値$\log \alpha_4$のpH依存性．

---

17) EDTAの錯生成： 実際には，HY^{3-}も金属イオンと錯体を生成するが，その生成定数はY^{4-}に比べると一般に7桁以上小さい．そのため，ここではHY^{3-}の寄与は無視した．

Ca^{2+} と EDTA の錯生成定数は，logK_f = 10.6 である．logK_f' = logK_f+logα_4 であるので，図 3.20 に示すように条件付き生成定数は logα_4 分だけ小さくなる．pH が 11 を超えると α_4 がほぼ 1 になるため，logK_f = logK_f' となる．

EDTA を滴定剤として用いたときの滴定曲線は，以下の式に従って算出することができる．

$$K_f' = \frac{x}{([M^{n+}]_{total}-x)([EDTA]_{total}-x)} \qquad (3.79)$$

ここで，錯体の濃度を x，溶液中の金属イオンと EDTA の全濃度をそれぞれ $[M^{n+}]_{total}$ と $[EDTA]_{total}$ とした（$[EDTA]_{total}$ と C_{EDTA} は異なることに注意）．この式を用いて 0.0100 M の金属イオン水溶液 20.0 mL を 0.100 M の EDTA 水溶液で滴定したときの滴定曲線を計算してみると，図 3.21 のようになる．Cu^{2+} の場合と同様，pM = $-\log[M^{n+}]$ を縦軸にとった．logK_f' = 2 では，当量点付近の大きな変化がみられないのに対し，logK_f' が大きくなるにつれ，pH 滴定曲線と同じように大きな pM の変化が現れるようになる．図 3.21 からは logK_f' = 6 でも十分に滴定できているようにみえるが，定量的に反応は進行しているのだろうか．式（3.79）を用いて，当量点で EDTA と錯体を形成していない金属イオンの割合を計算すると（当量点では $[M^{n+}]_{total}$ = $[EDTA]_{total}$），logK_f' = 2, 4, 6, 8, 10 についてそれぞれ 63.4，9.95，1.04，0.11，0.01%となる．logK_f' < 4 のときは当量点において 10%以上の金属イオンが錯体を生成していない．それに対し，logK_f' ≥ 8 では錯体を生成していない金属イオンは 0.1%以下になり，定量的にすべての金属イオンが錯体になったといってよい．したがって，キレート滴定を行うには，logK_f' ≥ 8 を目安に配位子の種類や滴定の際の pH を選ぶ必要がある．

c. 金属指示薬を用いる当量点の決定

b 項で述べたように，pM を縦軸とした滴定曲線では logK_f' = 6 でも十分当量

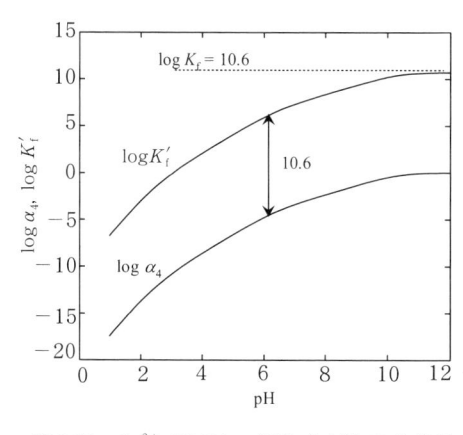

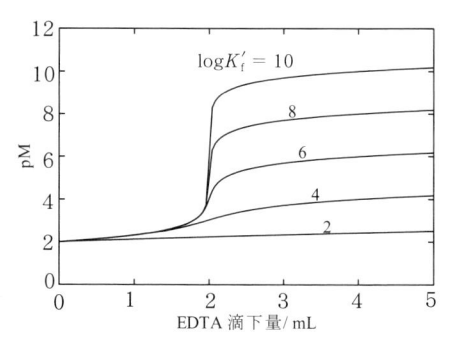

図 3.20 Ca^{2+}-EDTA の錯生成定数 K_f と条件付き生成定数 K_f' の関係

図 3.21 種々の条件付き錯生成定数 K_f' に対応する金属イオンの EDTA 滴定曲線（pM = $-\log[M^{n+}]$）
0.0100 M の金属イオン水溶液 20.0 mL を 0.100 M EDTA 水溶液で滴定したと想定．

点を求められそうにみえたが，実際に当量点では錯生成していない金属イオンが存在していた．これは滴定曲線を理解するために，pHと同じようにpMという数値をとったために起きた現象である．実際にはpH電極と同じように広いダイナミックレンジで電位差測定できる金属イオン用の電極が常に利用できるわけではない．したがって，キレート滴定で起こる現象を理解するにはpMを縦軸にとる滴定曲線が有効であるが，実際にキレート滴定で金属イオンの濃度を決定するときには，当量点をいかに決定するかという現実的な問題に直面する．

ほとんどのEDTA錯体は無色であるが，配位子の$\pi \to \pi*$の遷移が金属イオンとの錯生成によって影響されて吸収波長が変わるものや，配位子から金属イオンへの電荷移動によって呈色する金属錯体が存在する．配位子と錯体で色が異なるものを利用すると，酸塩基指示薬同様に目視によりキレート滴定の当量点を検出することが可能である．このような目的に利用される着色錯体を生成する配位子を金属指示薬という．EDTAなどのキレート滴定剤を用いて滴定する際に，あらかじめ被滴定溶液に金属指示薬を微量入れておくと，金属イオンは金属指示薬と錯体を生成し，被滴定溶液は金属指示薬錯体の色になる．EDTAが加えられると徐々に金属指示薬錯体が解離するが，適切な生成定数の組み合わせを選択することにより，当量点を超えて過剰にEDTAが存在するときに金属指示薬錯体が大部分解離して配位していない化学状態の色調に変色するような系を設計することができる．金属指示薬の着色錯体は，当量点付近でEDTAとの配位子交換を経て分解されなければならない．このような反応はしばしば反応速度が小さいので，迅速に反応するように溶液を加熱することもある．図3.22に，多用される金属指示薬である2-ヒドロキシ-1-（1-ヒドロキシ-2-ナフチルアゾ）-6-ニトロ-ナフタレンスルホン酸（EBTまたはBT）と1-（2-ヒドロキシ-4-スルホ-1-ナフチルアゾ）-2-ヒドロキシ-3-ナフトエ酸（NN）の構造を示す．いずれもアゾナフトールの骨格をもつ色素である．EBTは2つのフェノレート酸素とアゾ窒素が金属イオンに配位して錯体を形成する．また，配位していないEBTは3価の陰イオンまで解離し，段階的に色は変化する．

$$H_2X^- \rightleftharpoons HX^{2-} \rightleftharpoons X^{3-} \tag{3.80}$$
$$pK_2 = 6.3 \quad pK_3 = 11.5$$

HX^{2-}が金属イオンと錯生成すると，最後の水素イオンが解離することにより，

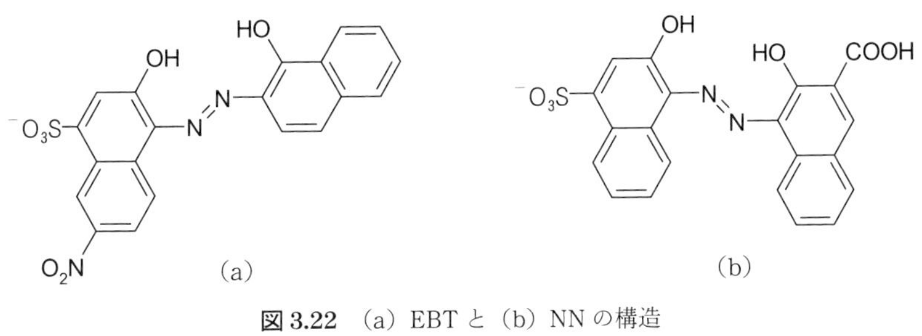

図3.22 （a）EBTと（b）NNの構造

配位子そのものの色が変化し，さらに錯生成に伴い配位子の吸収帯が変化する．図 3.23 に pH 5，10，12 における吸収スペクトルを示す．酸性では赤，pH 10 程度では HX^{2-} による青，pH 12 では橙である．pH 10 の EBT 溶液に Mg^{2+} を加えて Mg^{2+}–EBT 錯体を形成させると，青色の溶液が赤くなる．したがって，滴定のはじめに Mg^{2+} 溶液に EBT を加えると Mg^{2+}–EBT 錯体が生成して溶液の色は赤くなる．滴定剤として EDTA が加えられて最終的に Mg^{2+}–EBT 錯体が解離してしまうと，溶液が青くなり滴定の終点を決めることができる．

ここで問題になるのは，金属イオンに対する金属指示薬と EDTA の生成定数の関係である．金属指示薬との生成定数が大きすぎると EDTA が過剰に添加されても金属指示薬錯体は解離せず，逆に EDTA との生成定数が大きすぎると当量点に達する前に解離し変色してしまう．通常，金属指示薬はごく微量（10^{-5} M 程度）加えられるので，金属指示薬の錯生成による滴定誤差はないものと考えることができる．そこで以下のように両者の関係を評価することができる．

① 与えられた条件（pH，条件付き安定度定数）で EDTA と金属イオン間の錯生成を式（3.79）に基づいて計算する．

② 次に，この計算で求められた錯生成していない金属イオン濃度を用いて金属指示薬と金属イオン間の錯生成を評価する．

$\log K'_f$ が 10 と 8 の場合について，金属指示薬–金属イオン間の錯生成定数 K_{MIn} を変化させて計算した結果を図 3.24 に示す．この図では，0.0100 M の金属イオン水溶液 20.0 mL を 0.100 M の EDTA 水溶液で滴定したときに，全金属指示薬濃度に対して金属指示薬錯体が占める割合（着色した錯体の存在比）が当量点付近でどのように変化するかを示した．$\log K'_f = 10$ で $\log K_{MIn} = 6$ のとき，当量点を挟んでわずかの EDTA の添加で着色錯体の生成率が 1 付近から 0 付近に減少している．どの時点を当量点であると認識できるかは着色錯体の種類によって異なるので，一概にはいえないが，このような理想的な系では 0.1 % 程度の相対誤差で当量点を検出できそうである．

一方，着色錯体の生成定数が相対的に小さすぎると（$K'_f \gg K_{MIn}$），当量点前に着色錯体が解離し始めるので，負の誤差（当量点以前に終点と判定してしまう

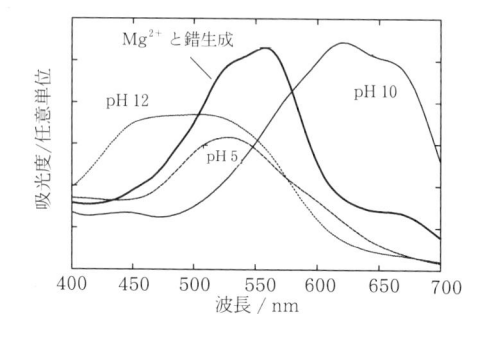

図 3.23 EBT (0.05 mM) の吸収スペクトル
太線は pH が 10 で Mg^{2+} が EBT と錯生成したときのスペクトル．

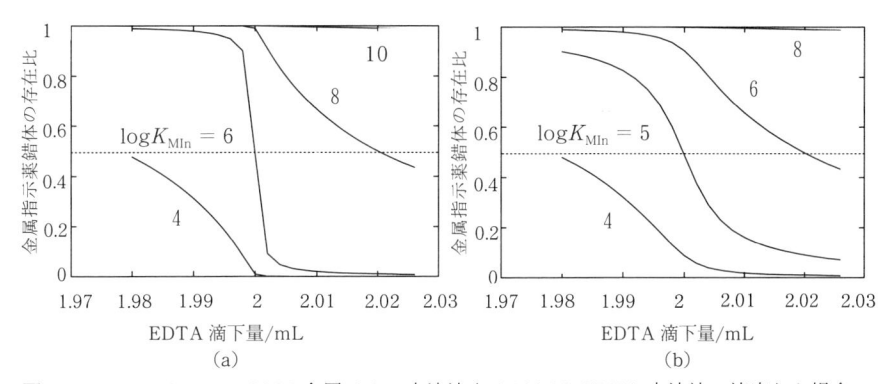

図3.24 20.0 mL の 0.0100 M 金属イオン水溶液を 0.100 M EDTA 水溶液で滴定した場合の金属指示薬が錯体として存在している存在比の EDTA 滴定量依存性
(a) $\log K'_\mathrm{f} = 10$ のとき，(b) $\log K'_\mathrm{f} = 8$ のとき．点線は金属指示薬錯体の半分が解離した場合．

こと）のおそれがある．これに対し着色錯体が相対的に安定な場合には（$K'_\mathrm{f} \ll K_\mathrm{MIn}$），当量点を過ぎてもなかなか解離せずいつまでも着色錯体として残ってしまい，正の誤差となる．EBT を用いる典型的な例として Mg^{2+} の EDTA 滴定がある．EBT と Mg^{2+} との錯生成定数は pH = 10 で $\log K_\mathrm{MIn} = 7.0$ であり，Mg^{2+}–EDTA の条件付き生成定数は，$\log K'_\mathrm{f} = 8.24$ である．この場合，Mg^{2+}–EBT がなかなか解離しない．仮に Mg^{2+}–EBT 錯体の半分が解離するまで色の変化がわからないとすると，2.1 mL の EDTA 水溶液を加えることになり，約 5% の相対誤差が生じることになる．実際には，Mg^{2+}–EBT 着色錯体の 10〜20% 程度が解離すると，色の変化を検出できるので，1% の誤差内で当量点を検出できる．

3.3 濃度と活量

理想溶液では溶質の化学ポテンシャルは次式で表される．

$$\mu = \mu^\circ + RT \ln q \tag{3.81}$$

ここで，q は濃度（モル濃度，質量モル濃度，モル分率など），μ° は q の濃度単位に応じた標準化学ポテンシャルである．実際には溶質間や溶質–溶媒間相互作用のために上の式は厳密には成り立たないことが多く，特に溶質がイオンのときにはこの傾向が強い．そこで，上の式を以下の形で表すことによって，理想溶液からのずれを補正することが一般的に行われる．

$$\mu = \mu^\circ + RT \ln a \tag{3.82}$$

ここで，a を活量という．

活量は，一般に活量係数 γ と濃度の積で表され，適切な活量係数を用いて濃度を活量に補正することが多い．実験的にイオンの活量係数を決定することは困難であり，理論的な活量係数の概算がよく行われる．最も多用されるのがデバイ–ヒュッケル理論（Debye–Hückel theory）である．この理論では，活量係数を

電磁気学のポアソンの方程式（Poisson equation）と統計力学のボルツマン分布（Boltzmann distribution）に基づいて導出する．静電ポテンシャルに対して近似を行うと，成分 i の活量係数 γ_i について，以下のデバイ–ヒュッケルの極限則（Debye–Hückel limiting law）として知られる式が得られる．

$$\log \gamma_i = -A z_i^2 \sqrt{I} \tag{3.83}$$

$$I = \frac{1}{2} \sum_i z_i^2 C_i \tag{3.84}$$

ここで，z_i と C_i はそれぞれ成分 i の価数と濃度であり，25℃ の水について $A = 0.5114\,\mathrm{M}^{-1/2}$ である．I はイオン強度である．この式は静電ポテンシャルに対する近似の限界から希薄な溶液についてのみ成り立ち，1:1 電解質溶液でも濃度が 1 mM を超えると誤差が大きくなる．

極限則よりもう少し精度の高い式もよく知られている．

$$\log \gamma_i = -\frac{A z_i^2 \sqrt{I}}{1 + Ba\sqrt{I}} \tag{3.85}$$

ここで，a はイオンの直径（最近接距離），B は A と同様，温度と溶媒によって決まる値であり，25℃ の水では $B = 0.329 \times 10^8\,\mathrm{M}^{-1/2}\,\mathrm{cm}^{-1}$ である．

酸解離定数を例にとって活量と濃度の関係を考えてみる．式（3.10）は活量を用いると以下のように表される．

$$K_a(a) = \frac{a_{\mathrm{H_3O^+}} \cdot a_{\mathrm{A^-}}}{a_{\mathrm{HA}}} = \frac{\gamma_{\mathrm{H_3O^+}} \cdot \gamma_{\mathrm{A^-}}}{\gamma_{\mathrm{HA}}} \cdot \frac{[\mathrm{H_3O^+}][\mathrm{A^-}]}{[\mathrm{HA}]} = \frac{\gamma_{\mathrm{H_3O^+}} \cdot \gamma_{\mathrm{A^-}}}{\gamma_{\mathrm{HA}}} K_a(C) \tag{3.86}$$

ここで，活量や活量係数の添字はその成分の値であることを示している．活量と濃度で表した酸解離定数を区別するために，それぞれ $K_a(a)$，$K_a(C)$ と表した．特に $K_a(a)$ は熱力学的平衡定数とも呼ばれる．極端に濃厚な溶液を除くと，中性の物質の活量と濃度の違いは，イオン性のものに比べて小さい．つまり，$\gamma_{\mathrm{HA}} = 1$ と考えることができる．したがって，上式は次のように書き替えられる．

$$\mathrm{p}K_a(a) = \mathrm{p}K_a(C) - \log(\gamma_{\mathrm{H_3O^+}} \cdot \gamma_{\mathrm{A^-}}) \tag{3.87}$$

多くのイオンについて $a = 3 \sim 5 \times 10^{-8}$ cm 程度であるので，$Ba \sim 1$ と見なすことができる．また，25℃ の水では $A \sim 0.5$ であるので，

$$\log \gamma_i = -\frac{0.5 z_i^2 \sqrt{I}}{1 + \sqrt{I}} \tag{3.88}$$

と考えて，式（3.87）に代入すると，

$$\mathrm{p}K_a(a) = \mathrm{p}K_a(C) - \frac{\sqrt{I}}{1 + \sqrt{I}} \tag{3.89}$$

となり，活量を用いた平衡定数と，濃度を用いた平衡定数の関係が明確になる．この式から，イオン強度が低いときには両者は等しいこと，イオン強度の増加とともに濃度平衡定数が熱力学的平衡定数より大きくなり，最大で $\mathrm{p}K_a(C)$ と $\mathrm{p}K_a(a)$ の差が 1 になることがわかる．また，平衡に関与するイオンの価数が大きいほど両者の差も大きくなることは明らかであろう．

溶液の平衡定数の値は無限希釈で $K_a(a)$ と $K_a(C)$ の差がないときのものとして表されるか，あるいはイオン強度を明記した上で与えられるのが一般的である．計算や実験を行うときのイオン強度がわかっていれば，上の手続きに従って，その条件下での濃度平衡定数に補正することができる．本書では以上のことを前提として，濃度平衡定数をもとに議論を展開している．

練習問題

3.1 水の自己解離（式 (3.8)）を考慮しないとき，HCl 水溶液を NaOH 水溶液で pH 滴定するとどのような pH 滴定曲線が得られるか．その概略を描き，図 3.1 と比較せよ．

3.2 リン酸の第 3 解離が NaOH 水溶液による pH 滴定でみられないのはなぜか．また，この平衡を pH 滴定で観察するための方策を以下の 2 つの方法に基づいて考えよ．
① 共役酸塩基を滴定する．
② 式 (3.86) に基づく活量補正をリン酸の K_3 に対して考慮する．

3.3 0.05 M の酢酸水溶液を NaOH 水溶液で酸塩基滴定するとき，また酢酸ナトリウム水溶液を HCl 水溶液で滴定するときに，適切な指示薬はどのようなものと考えるか述べよ．

3.4 金属錯体の条件付き生成定数
$$K_f' = \frac{[MY^{n-4}]}{[M^{n+}]C_{EDTA}}$$
は，酸解離定数の逆数
$$K_a^{-1} = \frac{[HA]}{[H_3O^+][A^-]}$$
と類似の形をしている．弱酸または弱塩基を用いて pH 緩衝溶液を調製できたように，金属イオンと金属錯体を用いて金属緩衝溶液を調製することができる．金属緩衝溶液とは，配位子濃度が変化しても金属イオン濃度変化が小さい溶液のことである．pM 8 の金属緩衝溶液を調製するにはどの程度の値の K_f' を選べばよいか述べよ．図 3.21 を参照せよ．

4. 電気分析化学

 物が燃えること，金属が錆びること，使い捨てカイロが熱を出すこと，電池から電気エネルギーをとること，これらはすべて酸化還元反応である．また，生物が食物からエネルギーを摂取する過程や，植物などが光合成明反応でエネルギーを摂取する過程にみられるように，地球上の元素サイクルにおいても，生命活動に関係した酸化還元反応がきわめて重要な働きをしている．

 酸化とは還元剤（Red）が電子を失うことであり，還元とは酸化剤（Ox）が電子を受け取ることである．H^+ の授受の酸塩基反応と同様，酸化と還元も，必ず対となって共役的に進行する．そして酸塩基滴定と同様，酸化還元反応を利用した容量分析により試料中の特定の酸化還元物質の物質量を知ることができる．これを酸化還元滴定といい，酸化還元性の医薬品の純度測定，食品あるいは環境関連物質中の酸化還元物質の定量に用いられている．

 反応とは化学エネルギーの変化であり，一方で電荷と電位の積がエネルギーを表すことからもわかるように，電子の移動に関わる酸化還元反応を平衡論的に理解するには，電位の概念が重要になる．電極と溶液内の酸化還元種が平衡にあるときには，溶液内の酸化剤と還元剤の濃度比に応じた電位が発生する．平衡にある2つの電極系を電気化学的につないだ電池を組み立てれば2つの電極間の電位差は容易に測定できる．この電位差を起電力といい，電池に関与する酸化還元反応の平衡論的情報を与える．この原理を使うと，試料溶液の酸化還元電位を測ることができる．このような測定法をポテンショメトリーといい，酸化還元滴定の終点検出にも用いることができる．また，イオンは電荷を有するため，電極上の膜と溶液の間に特定のイオンが分配して濃度差ができると，その濃度比に応じた電位が発生する．このような電極をイオン選択性電極といい，これを用いたポテンショメトリーにより対象とするイオンの濃度を測定できる．典型的な例として，ガラス電極によるpH測定があげられる．

4.1 酸化還元反応と酸化還元電位

 ここでは，還元剤としての Fe^{2+} から酸化剤としての Ce^{4+} へ電子が移る酸化還元反応を例にあげて話を進める．

$$Fe^{2+} + Ce^{4+} \rightleftharpoons Fe^{3+} + Ce^{3+} \tag{4.1}$$

この反応の平衡定数 K は，

$$K = \frac{[Fe^{3+}][Ce^{3+}]}{[Fe^{2+}][Ce^{4+}]} \ (= 10^{15.9} = 7.94 \times 10^{15}) \tag{4.2}$$

で与えられる．Fe^{2+} と Ce^{4+} をどのような量比で混合しても，平衡に達すると

式 (4.2) を満たす．0.1 M の Fe^{2+} 溶液 100 mL と 0.1 M Ce^{4+} 溶液 10 mL を混合したとき，加えた Ce^{4+} はほとんどすべて Fe^{2+} で還元され，$[Fe^{3+}] \cong [Ce^{3+}]$ となる．したがって，$[Fe^{3+}] \cong 0.1 \times 10/(100+10)$，$[Fe^{2+}] \cong 0.1 \times (100-10)/(100+10)$ であり，$[Fe^{3+}]/[Fe^{2+}] \cong 1/9$ となる．同様に 0.1 M の Fe^{2+} 溶液 100 mL と 0.1 M Ce^{4+} 溶液 50 mL を混合したときには $[Fe^{3+}]/[Fe^{2+}] \cong 1$，0.1 M の Fe^{2+} 溶液 100 mL と 0.1 M Ce^{4+} 溶液 90 mL を混合したときには $[Fe^{3+}]/[Fe^{2+}] \cong 9$ となる．さらに，0.1 M の Fe^{2+} 溶液 100 mL と 0.1 M Ce^{4+} 溶液 100 mL を混合したときには，$[Fe^{2+}] = [Ce^{4+}]$，$[Fe^{3+}] = [Ce^{3+}]$ となるので，$[Fe^{3+}]/[Fe^{2+}] = [Ce^{3+}]/[Ce^{4+}] = 8.91 \times 10^7$ となる．このように，どのような量比で混合したかにより，平衡状態での $[Fe^{3+}]/[Fe^{2+}]$ や，$[Ce^{3+}]/[Ce^{4+}]$ が異なる．次に，溶液中の酸化還元対の濃度比が変化すると溶液の電位はどのように変化するか考えてみる．

溶液の電位を単独の電極で測定することはできないので，参照電極と呼ばれる電位が一定となる電極と組み合わせた電池を組み立て，その参照電極の電位を基準として起電力を測定することになる．ここでは図 4.1 のように液絡で仕切りをした左右 2 つの溶液にそれぞれ電極 M と M′ を浸したガルバニ電池を例にあげ，溶液中の $[Fe^{3+}]/[Fe^{2+}]$ 比とその溶液の電位との関係について考える．このような左右の電極系それぞれを半電池という．右側が対象となる Fe^{3+}/Fe^{2+} の酸化還元対と電極 M が平衡になっている系で，M を作用電極という．左側が基準となる酸化還元対（Ox/Red）と電極 M′ の平衡系からなる参照電極である．この電池は次のように表す[1]．

$$M' | Ox, Red \| Fe^{2+}, Fe^{3+} | M \quad (4.3)$$

Ox, Red とは $2H^+/H_2$ や Ag^+/Ag といった酸化還元対で，電極 M と M′ は Fe^{3+}，Fe^{2+} 系の酸化還元反応系において電子の受け渡しだけができる白金（Pt）のような金属電極，縦線は界面，二重線は塩橋（液絡）を表す．2 つの電極間に

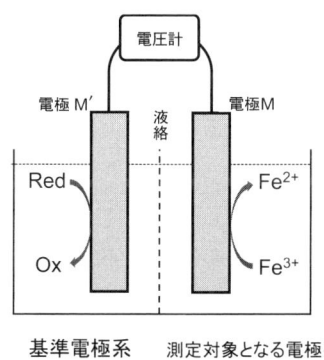

図 4.1 Fe^{2+}/Fe^{3+} の電位測定用のガルバニ電池の模式図

---

[1] 電池の表し方： 電池の構成を記述するときは，電子が左の半電池から右の半電池に流れるように書くことが決められている．つまり左が陽極（アノード）で，右が陰極（カソード）となる．

電圧計をつなぐと，回路には実際上電流が流れることはなく，

$$\text{Fe}^{3+} + \text{Red} \rightleftarrows \text{Fe}^{2+} + \text{Ox} \tag{4.4}$$

の酸化還元反応で生ずる起電力が生じる．この起電力と電圧計の外部電圧が相殺されて，電池系と電圧計を含めた全体の系として平衡になる．くどい表現になるが，ここで説明している状態では，式 (4.4) の反応は化学的には平衡ではない．そのため，電極 M と M′ の電極電位は異なり，その電位差が起電力として現れている．ただし，実際には液絡を用いることにより液間電位が発生するため，その電位も考慮しなければならない．液間電位の議論はより高度になるので，本書ではこれをあからさまに表現せずに話を進める．

式 (4.4) の反応のギブズエネルギー変化 ΔG_{Fe} は次のギブズ式 (Gibbs' equation)[2] で与えられる．

$$\Delta G_{\text{Fe}} = \Delta G_{\text{Fe}}^\circ + RT \ln \frac{[\text{Fe}^{2+}][\text{Ox}]}{[\text{Fe}^{3+}][\text{Red}]} \tag{4.5}$$

ΔG° は反応 (4.4) の標準ギブズエネルギー変化を表す．また R は気体定数 ($= 8.314\ \text{J mol}^{-1}\text{K}^{-1}$) で T は絶対温度である．電荷と電位の積は電気エネルギーであり，電池系と電圧計の系のエネルギーがつり合っていることから考えてわかるように，電池の酸化還元反応の ΔG と起電力 E の関係は，

$$\Delta G = -nFE \tag{4.6}$$

と表される．ここで n は反応に関与する電子の数 ($\text{Fe}^{3+}/\text{Fe}^{2+}$ の場合，$n = 1$) であり，F はファラデー定数 (Faraday constant) と呼ばれ，電気素量 ($= 1.602 \times 10^{-19}\ \text{C}$：電子の電荷は $-e$，陽子の電荷は e) とアボガドロ数 (Avogadro's constant) N_A ($= 6.022 \times 10^{23}\ \text{mol}^{-1}$) の積で与えられる．ここで，Ox と Red の濃度が一定に保たれているような参照電極を考える．国際純正・応用化学連合 (International Union of Pure and Applied Chemistry：IUPAC) では，電位表記の基準電極を標準水素電極 (standard hydrogen electrode：SHE) と定めている．これは，$1 \times 10^5\ \text{Pa}$ ($\approx 1\ \text{atm}$) の H_2 と気液平衡にある pH 0 の水溶液に白金黒で覆われた白金電極を浸した半電池である．以前は規定度 (normal) という言葉の使用が許されており NHE と呼ばれていたが，現在では用いない．このような参照電極に関係する項は定数となるので，式 (4.5) は次のように書き替えられる[3]．

$$E_{\text{Fe}} = E_{\text{Fe}}^\circ + \frac{RT}{nF} \ln \frac{[\text{Fe}^{3+}]}{[\text{Fe}^{2+}]}$$

$$\left(E_{\text{Fe}}^\circ = -\frac{\Delta G_{\text{Fe}}^\circ}{nF} - \frac{RT}{nF} \ln \frac{[\text{Ox}]}{[\text{Red}]}, \quad n = 1 \right) \tag{4.7}$$

---

2) ギブズ式： 一般に $A + B \rightleftarrows C + D$ の反応のギブズ式は $\Delta G = \Delta G^\circ + RT\ln([C][D])/([A][B])$ で与えられる．この式に現れる濃度は平衡時のものとは限らない．
3) RT/F： 1 mol あたりのエネルギーを考えると $FE = RT$ となる．したがって，式 (4.7) に現れる RT/F は，その温度における電気素量帯電体の電圧を表している．25°C では 25.7 mV となり，逆に 1 V では 1.16×10^4 K に相当する．1 V が非常に高温状態と同等であることがわかる．

この E_Fe が参照電極を基準として測定した $Fe^{3+/2+}$ 溶液（以下，電荷の異なるイオンが溶液中に共存する場合に，「$Fe^{3+/2+}$ 溶液」のように記述することとする）の電位である．実用的には，一定濃度の KCl 溶液と平衡にある AgCl と Ag からなる銀塩化銀参照電極がよく用いられる．このように電圧計を含めた電池の平衡系で，電位測定する方法をポテンショメトリーという．これは，天秤測定と同様，零位方式の測定であり，被測定系を乱すことなく，精確な測定ができる．式（4.3）において $Fe^{3+/2+}$ 溶液の被測定系を除く他の部分を一体化した ORP（oxidation-reduction potential）電極が市販されている．その場合，参照電極に銀塩化銀電極を，作用電極には白金を用いることが多い（Ag｜AgCl(s)｜KCl‖被測定液｜Pt）．

一般的に，次の Ox/Red の酸化還元対において還元方向の半反応

$$\text{Ox} + ne^- \rightleftharpoons \text{Red} \tag{4.8}$$

に対して，

$$E = E° + \frac{RT}{nF}\ln\frac{[\text{Ox}]}{[\text{Red}]} \tag{4.9}$$

と表現することができる．ここで，$E°$ を Ox/Red 酸化還元対の標準酸化還元電位[4]という．この $E°$ は Ox/Red 酸化還元対に固有の特性を表す．$E°$ が正に大きいほど，Ox の酸化力が強く，Red の還元力が小さくなる．別の言い方をすると，$E°$ が大きいということは，Ox が還元されやすいこと，Red が酸化されにくいこと，あるいは金属のイオン化傾向が小さいことに対応する．

この式はあたかも式（4.8）の半反応の特性だけを表現しているようにもみえる．しかし，式（4.9）はギブズ式の考えに基づくものであり，そこに現れる E は SHE を基準とした測定可能な起電力である．これは酸の強さを定量的に議論する場合，塩基として水を基準とする酸解離定数を定義したことと類似している．別の言い方をすると，標準酸化還元電位とは，還元剤を H_2 としたときの酸化剤の酸化力を表していることになる．SHE を基準とした各化学種の半反応式とその標準酸化還元電位 $E°$ を表 4.1 にまとめる．

これに対して Nernst は，1つの Ox/Red 酸化還元対が存在する溶液相と電極相の界面で平衡が成り立ち，その電極にある力が生まれると考えた．どのような界面でも必ず電位が発生するが，式（4.8）の反応と電極が平衡にあるときには，両辺の電気化学ポテンシャルが等しいとして記述すると，単極での力，すなわち平衡電位 E に関する式を，式（4.9）と全く同一の形で導くことができる．このような考えのもとで導いた式をネルンスト式（Nernst equation）という．酸化還元反応を2つの半反応に分けて考えた方が都合がよいため，半反応を記述することが多い．その場合，式（4.9）のようにギブズ式の概念から導いたものもネルンスト式と呼ぶことがある．

---

[4] E の符号： $E°$ は式（4.8）のように還元反応に対して定義する．酸化方向に表記した半反応に対して E の符合を逆にすることは許されない．このことは，逆反応の場合，符号だけが変わるギブズエネルギーの場合とは異なる．

表4.1 標準酸化還元電位（25℃，対SHE）

半反応	E°/V	半反応	E°/V
$Au^+ + e^- \rightleftarrows Au$	1.83	$Fe(CN)_6^{3-} + e^- \rightleftarrows Fe(CN)_6^{4-}$	0.36
$H_2O_2 + 2H^+ + 2e^- \rightleftarrows 2H_2O$	1.76	$VO^{2+} + 2H^+ + e^- \rightleftarrows V^{3+} + H_2O$	0.34
$Ce^{4+} + e^- \rightleftarrows Ce^{3+}$	1.71	$Cu^{2+} + 2e^- \rightleftarrows Cu$	0.34
$MnO_4^- + 8H^+ + 5e^- \rightleftarrows Mn^{2+} + 4H_2O$	1.51	$Hg_2Cl_2 + 2e^- \rightleftarrows 2Hg + Cl^-$	0.27
$PbO_2 + 4H^+ + 2e^- \rightleftarrows Pb^{2+} + 2H_2O$	1.47	$AgCl + e^- \rightleftarrows Ag + Cl^-$	0.22
$Cl_2 + 2e^- \rightleftarrows 2Cl^-$	1.36	$Sn^{4+} + 2e^- \rightleftarrows Sn^{2+}$	0.15
$Cr_2O_7^{2-} + 14H^+ + 6e^- \rightleftarrows 2Cr^{3+} + 7H_2O$	1.36	$2H^+ + 2e^- \rightleftarrows H_2$	0.00
$O_2 + 4H^+ + 4e^- \rightleftarrows 2H_2O$	1.23	$Pb^{2+} + 2e^- \rightleftarrows Pb$	-0.13
$MnO_2 + 4H^+ + 2e^- \rightleftarrows Mn^{2+} + 2H_2O$	1.23	$Sn^{2+} + 2e^- \rightleftarrows Sn$	-0.14
$2IO_3^- + 12H^+ + 10e^- \rightleftarrows I_2(水溶液) + 6H_2O$	1.20	$V^{3+} + e^- \rightleftarrows V^{2+}$	-0.26
$Br_2(水溶液) + 2e^- \rightleftarrows 2Br^-$	1.07	$O_2 + e^- \rightleftarrows O_2^-$	-0.28
$2Hg^{2+} + 2e^- \rightleftarrows Hg_2^{2+}$	0.91	$Cd^{2+} + 2e^- \rightleftarrows Cd$	-0.40
$NO_3^- + 3H^+ + 2e^- \rightleftarrows HNO_2 + H_2O$	0.94	$Cr^{3+} + e^- \rightleftarrows Cr^{2+}$	-0.42
$Ag^+ + e^- \rightleftarrows Ag$	0.80	$Fe^{2+} + 2e^- \rightleftarrows Fe$	-0.44
$Hg_2^{2+} + 2e^- \rightleftarrows 2Hg$（液体）	0.80	$Zn^{2+} + 2e^- \rightleftarrows Zn$	-0.76
$Fe^{3+} + e^- \rightleftarrows Fe^{2+}$	0.77	$Al^{3+} + 3e^- \rightleftarrows Al$	-1.68
$O_2 + 2H^+ + 2e^- \rightleftarrows H_2O_2$（水溶液）	0.69	$Mg^{2+} + 2e^- \rightleftarrows Mg$	-2.36
$MnO_4^- + e^- \rightleftarrows MnO_4^{2-}$	0.56	$Na^+ + e^- \rightleftarrows Na$	-2.71
$H_3AsO_4 + 2H^+ + 2e^- \rightleftarrows HAsO_2 + 2H_2O$	0.56	$Ca^{2+} + 2e^- \rightleftarrows Ca$	-2.84
I_2（固体）$+ 2e^- \rightleftarrows 2I^-$	0.54	$K^+ + e^- \rightleftarrows K$	-2.93
$I_3^- + 2e^- \rightleftarrows 3I^-$	0.54	$Li^+ + e^- \rightleftarrows Li$	-3.05
$Cu^+ + e^- \rightleftarrows Cu$	0.52		

SHE：標準水素電極．

4.2 滴定曲線と酸化還元緩衝能

Fe^{2+}を含む溶液にCe^{4+}を含む溶液を滴加していくときの溶液の電位の変化をORP電極で測定すると，図4.2のように，溶液の電位が徐々に増加し，はじめのFe^{2+}の物質量と滴加したCe^{4+}の物質量が等しい点（当量点）の前後で電位が大きく変化する．酸化還元滴定とは，この電位変化を検出し，そのときの酸化剤と還元剤の量比を知ることであり，酸塩基滴定でのpHの大きな変化を検出することと類似している．

式（4.1）の酸化還元反応を$Fe^{3+/2+}$の半反応と$Ce^{4+/3+}$の半反応に分け，それぞれについてネルンスト式を書くと次のようになる．

$$Fe^{3+} + e^- \rightleftarrows Fe^{2+} \quad (E^\circ_{Fe} = 0.77\ V)$$

$$E_{Fe} = E^\circ_{Fe} + \frac{RT}{F}\ln\frac{[Fe^{3+}]}{[Fe^{2+}]} \tag{4.7}$$

$$Ce^{4+} + e^- \rightleftarrows Ce^{3+} \quad (E^\circ_{Ce} = 1.71\ V)$$

$$E_{Ce} = E^\circ_{Ce} + \frac{RT}{F}\ln\frac{[Ce^{4+}]}{[Ce^{3+}]} \tag{4.10}$$

式（4.1）の反応が溶液内で平衡に達するということ，つまり式（4.2）を満たすということは，$E_{Fe} = E_{Ce}$となることにほかならない．

さて，$[Fe^{3+}]/[Fe^{2+}]$比が増加すると溶液の電位は式（4.7）に従って増加する．ここで$\exp[\{F/(RT)\}(E_{Fe} - E^\circ_{Fe})] \equiv \eta_{Fe}$とおくと$[Fe^{3+}]/[Fe^{2+}] = \eta_{Fe}$

となり，全濃度（$[Fe^{3+}]+[Fe^{2+}]$）に対する$[Fe^{3+}]$の割合，$\theta(Fe^{3+})$は次のように表される．

$$\theta(Fe^{3+}) \equiv \frac{[Fe^{3+}]}{[Fe^{2+}]+[Fe^{3+}]} = \frac{\eta_{Fe}}{1+\eta_{Fe}} \tag{4.11}$$

これを$E-E_{Fe}^\circ$に対して図示すると図4.3の実線のように溶液の電位の増加に伴ってシグモイド状（S字型）に増加する．4.1節でも述べたように，Fe^{2+}を含む溶液をCe^{4+}を含む溶液で滴定するとき，滴定開始から当量点前までは，滴加したCe^{4+}はほぼ定量的にFe^{2+}と反応する．このことは，$\theta(Fe^{3+})$がCe^{4+}の滴加量にほぼ比例することを意味している．$\theta(Fe^{3+})$の増加に伴い，Eが上昇する（図4.3参照）．図4.2の滴定曲線の当量点前までの電位変化はこの様子を表しているのである．

当量点以降では，溶液中のFe^{2+}はほとんどすべて酸化されてしまっている．これとは対照的に，$[Ce^{3+}]$はほとんど変化しないが当量点以降でのCe^{4+}の滴加により，$[Ce^{4+}]$が増加する．したがって，式（4.10）で示されるように，$[Ce^{4+}]/[Ce^{3+}]$比の増加により電位が徐々に増加することがわかる．これが，当量点以後の電位の増加の本質である．

図4.3において$E \cong E_{Fe}^\circ$付近では，Eの増加とともに$\theta(Fe^{3+})$が急激に増加することがわかる．このことは図4.2の半当量点（$\theta(Fe^{3+}) = 0.5$）付近で，Ce^{4+}を加えてもあまり電位変化しないことと同じである．この現象は酸化還元緩衝性と呼ばれる．

ここで，酸化還元緩衝能β_{redox}を，$\beta_{redox} \equiv d[Ox]/dE$と定義する[5]．$\beta_{redox}$が大きいということは，電位変化を引き起こすために多量の酸化剤が必要ということになる．$Fe^{3+/2+}$の場合（$[Ox] \equiv [Fe^{3+}]$）には，式（4.11）をEで微分して次のように得られる．

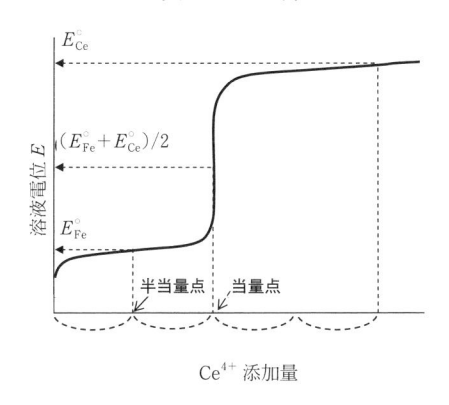

図4.2 Ce^{4+}によるFe^{2+}の滴定曲線

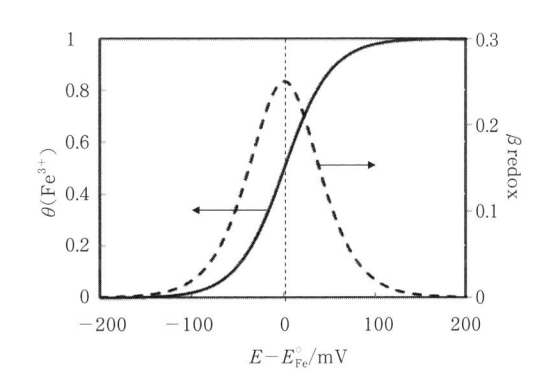

図4.3 電位と平衡濃度（実線）および酸化還元緩衝能（破線）の関係

---

5) 緩衝能： 式（4.12）の形は弱酸の緩衝能を表す式と同じである．このような緩衝能というものは，酸塩基あるいは酸化還元対の混合のエントロピーの増大による系の安定化に起因する現象である．酸化還元の緩衝性は，電気分解による電流と電位の関係を調べるボルタンメトリーの波形や分解能を決める最も重要な因子である．また，この性質は生体内での溶液電位を安定化させることにも役立っている．

$$\beta_{\text{redox}} = \frac{F}{RT}([\text{Fe}^{2+}]+[\text{Fe}^{3+}])\frac{\eta_{\text{Fe}}}{(1+\eta_{\text{Fe}})^2} \tag{4.12}$$

これを図示すると，図 4.3 の破線のように，$E = E_{\text{Fe}}^\circ$ を中心とするベル型となる．

図 4.2 の滴定曲線の当量点付近では，$[\text{Fe}^{3+}]/[\text{Fe}^{2+}]$ 比は極端に大きく，$[\text{Ce}^{4+}]/[\text{Ce}^{3+}]$ 比は 0 に近い値となるため，双方ともその緩衝性は現れない．当量点では，$[\text{Fe}^{3+}]/[\text{Fe}^{2+}] = [\text{Ce}^{3+}]/[\text{Ce}^{4+}]$ であるから，そのときの溶液の電位は原理的には $(E_{\text{Fe}}^\circ + E_{\text{Ce}}^\circ)/2$ となる．一方，当量点以降で再び電位の変化はほとんどみられなくなる．この領域では $\text{Ce}^{4+/3+}$ による緩衝性が現れてくる．当量点の 2 倍量における点では，溶液の電位が E_{Ce}° にほぼ等しく，この点で $\text{Ce}^{4+/3+}$ による緩衝性が最も強くなる．つまり当量点における電位の飛躍とは，$\text{Fe}^{3+/2+}$ の緩衝性から $\text{Ce}^{4+/3+}$ のそれへの移行を意味している．当然のことながら，滴定に関与する酸化剤と還元剤の標準酸化還元電位の差が大きい場合，つまり反応の ΔG° が負に大きい場合には，滴定曲線の電位飛躍が大きくなり，当量点が明確に現れる．

4.3　電池と電子移動

陽極（アノード）側に Fe^{2+} と Fe^{3+} の混合溶液を，陰極（カソード）側に Ce^{3+} と Ce^{4+} の混合溶液を満たしたガルバニ電池を用いて，もう一度式（4.1）の酸化還元反応を考えてみる．

$$\text{Pt} \mid \text{Fe}^{2+}, \text{Fe}^{+3} \parallel \text{Ce}^{3+}, \text{Ce}^{4+} \mid \text{Pt}$$

両極の間に電圧計をつなぐと，式（4.7）と式（4.10）で表される E の差 $E_{\text{Ce}} - E_{\text{Fe}}$ が，起電力となって現れる．式（4.1）の酸化還元反応のギブズエネルギー変化 ΔG は，

$$\Delta G = -nF(E_{\text{Ce}} - E_{\text{Fe}}) = \Delta G^\circ + nRT\ln\frac{[\text{Fe}^{3+}][\text{Ce}^{3+}]}{[\text{Fe}^{2+}][\text{Ce}^{4+}]} \tag{4.13}$$

となる（$n = 1$）．式（4.13）の ΔG が負のとき，両極を短絡させると反応が自発的に進行し，酸化還元の反応エネルギーを電気エネルギーに変換できる．これが電池といわれる理由である．反応の進行とともに $E_{\text{Ce}} - E_{\text{Fe}}$ が小さくなり，さらには $E_{\text{Ce}} = E_{\text{Fe}}$（$\Delta G = 0$）となり電流は 0 となる．これが，滴定における溶液内平衡状態を表している．したがって，式（4.2）の平衡定数と ΔG° は次のように関係づけることができる．

$$\Delta G^\circ = -RT\ln K \tag{4.14}$$

また，式（4.6）と同様に標準起電力 E°（この場合には $E^\circ = E_{\text{Ce}}^\circ - E_{\text{Fe}}^\circ$）を定義することができる．

$$\Delta G^\circ = -nFE^\circ \tag{4.15}$$

一般に，酸化剤および還元剤の標準酸化還元電位をそれぞれ，E_{O}° および E_{R}° とするとき，標準状態での電子移動は，$E_{\text{O}}^\circ > E_{\text{R}}^\circ$ となるとき熱力学的に有利となる．このような $\Delta G^\circ < 0$ の反応を downhill reaction という．生化学領域で，

呼吸鎖や光合成での電子移動（コラム参照）を図示するとき，縦軸を $-E°$ とするのはこのためである．

一方，$\Delta G > 0$ となる電気化学系においても，外部から電位 E_{ap} を印加し，電気エネルギー $-nFE_{ap}$ を加え，全体として $\Delta G - nFE_{ap} < 0$ とすれば，酸化還元反応は進行する．これが電解である．電解に基づいた分析法も数多く考案されているが，本書では紙面の関係上触れない．

COLUMN

光合成系での電子移動

光合成系 II では P680 が光励起されると，強い還元剤である P680* と強い酸化剤 P680$^+$ に電荷が分離する．P680$^+$ は水を酸化し酸素を発生する．P680* の電子は，酸化還元電位がより高いキノン（Q_A, Q_B）などの酸化還元物質に順次渡されていく．生成した P700 は光合成系 I で再度光励起され，電子移動が起こる（図 4.4）．

4.4 酸塩基反応や錯生成反応を伴う酸化還元反応

多くの酸化還元反応は H^+ の移動を伴う．たとえば，重クロム酸イオン（$Cr_2O_7^{2-}$）の還元反応は，

$$Cr_2O_7^{2-} + 14H^+ + 6e^- \rightleftarrows 2Cr^{3+} + 7H_2O \tag{4.16}$$

である．半反応式からわかるように，pH が下がると平衡は右に移動し，$Cr_2O_7^{2-}$ の酸化力は増加する．つまり $[Cr_2O_7^{2-}]/[Cr^{3+}]$ 比が一定でも，半反応の電位は pH が減少するとともに増加する．一般に，

$$Ox + ne^- + mH^+ \rightleftarrows Red + xH_2O \tag{4.17}$$

の半反応のネルンスト式は，

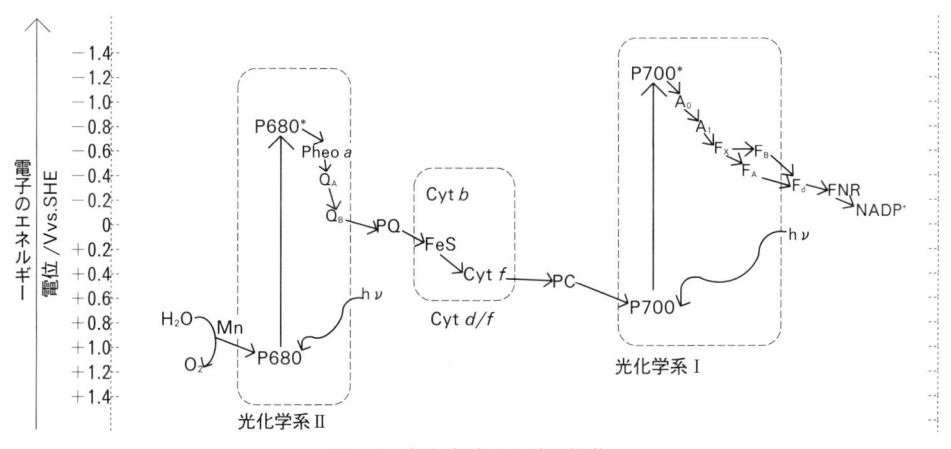

図 4.4 光合成系での電子移動

Pheo a：フェオフィチン a，Q_A, Q_B：プラストキノン結合タンパク，PQ：プラストキノン，Cyt b/f：シトクローム bf 複合体，PC：プラストシアニン，A_0, A_1：P700* の電子受容体，F_X, F_A, F_B：鉄-硫黄クラスター，Fd：フェレドキシン，FNR：フェレドキシン-NADP レダクターゼ．

$$E = E^\circ + \frac{RT}{nF}\ln\frac{[\mathrm{Ox}][\mathrm{H}^+]^m}{[\mathrm{Red}]} \tag{4.18}$$

と表すことができる（$\mathrm{H_2O}$ の取り扱い）[6]．ここで，$[\mathrm{H}^+]$ に関する項を $[\mathrm{Ox}]/[\mathrm{Red}]$ 項を含む項から分離し，E° と合わせたものとして $E^{\circ\prime}$ を定義すると，

$$E^{\circ\prime} = E^\circ + \frac{RT}{nF}\ln[\mathrm{H}^+]^m = E^\circ - 2.303\frac{mRT}{nF}\mathrm{pH}$$

$$= E^\circ - \frac{m}{n}\mathrm{pH}\times 59\,\mathrm{mV}\ (25°\mathrm{C}) \tag{4.19}$$

となる．$E^{\circ\prime}$ を用いると，式（4.18）は式（4.9）と類似の形のネルンスト式として以下のように書き表すことができる．

$$E = E^{\circ\prime} + \frac{RT}{nF}\ln\frac{[\mathrm{Ox}]}{[\mathrm{Red}]} \tag{4.20}$$

この $E^{\circ\prime}$ を式量電位といい，その条件での酸化還元電位を表す．式（4.19）からわかるように，酸化還元反応が H^+ の移動を伴う場合，酸化剤 Ox の酸化力は pH の減少とともに大きくなり，還元剤 Red の還元力は pH の増大とともに大きくなる．

　錯生成平衡もルイス酸塩基反応の特殊例として考えられる．したがって，H^+ の付加と同様，Ox/Red が配位子 L と錯生成することによっても $E^{\circ\prime}$ が変化する．ここでは次のような錯生成平衡について考える．

$$\begin{array}{ccc}
\mathrm{Ox} + ne^- & \rightleftarrows & \mathrm{Red} \\
\updownarrow +\mathrm{L} & & \updownarrow +\mathrm{L} \\
\mathrm{OxL} + ne^- & \rightleftarrows & \mathrm{RedL}
\end{array} \tag{4.21}$$

この半反応の式量電位を $E^{\circ\prime}$ とすると

$$E = E^{\circ\prime} + \frac{RT}{nF}\ln\frac{([\mathrm{Ox}]+[\mathrm{OxL}])}{([\mathrm{Red}]+[\mathrm{RedL}])} \tag{4.22}$$

となる．Ox と Red の錯解離定数[7]をそれぞれ $K_\mathrm{O} = [\mathrm{Ox}][\mathrm{L}]/[\mathrm{OxL}]$，$K_\mathrm{R} = [\mathrm{Red}][\mathrm{L}]/[\mathrm{RedL}]$ とし，式（4.22）に代入すると $E^{\circ\prime}$ は次のように与えられる．

$$E^{\circ\prime} = E^\circ + \frac{RT}{nF}\ln\frac{[\mathrm{L}]/K_\mathrm{R}+1}{[\mathrm{L}]/K_\mathrm{O}+1} \tag{4.23}$$

$K_\mathrm{O} \gg K_\mathrm{R}$ の場合を例にあげ，$E^{\circ\prime}$ の $-\log[\mathrm{L}]$ 依存性を図 4.5 に示す．$[\mathrm{L}] \gg K_\mathrm{O}, K_\mathrm{R}$ の場合，その $E^{\circ\prime}$ は錯体 OxL/RedL の酸化還元電位となる．

$$E^{\circ\prime} = E^\circ + \frac{RT}{nF}\ln\frac{K_\mathrm{O}}{K_\mathrm{R}} \tag{4.24}$$

$\mathrm{Fe(CN)}_6^{3-/4-}$ のように O，R とも非常に錯生成定数が大きい場合（錯解離定数として $K_\mathrm{O} = 10^{-31}$，$K_\mathrm{R} = 10^{-24}$）には，式（4.24）に従って，$\mathrm{Fe}^{2+}/\mathrm{Fe}^{3+}$ の

---

6) $\mathrm{H_2O}$ の取り扱い： 反応式中にある $\mathrm{H_2O}$ は溶媒であり，反応過程でその活量変化は無視できると考えられるので，そのモル分率は近似的に 1 と考え，式（4.18）には表現しない．
7) 解離定数と生成定数： ここでは酸塩基反応の場合と同様，錯体の解離定数を定義したが，錯体の場合は通常は生成定数（安定度定数）が用いられる．解離反応は生成反応の逆であり，解離定数と生成定数は逆数の関係にある．

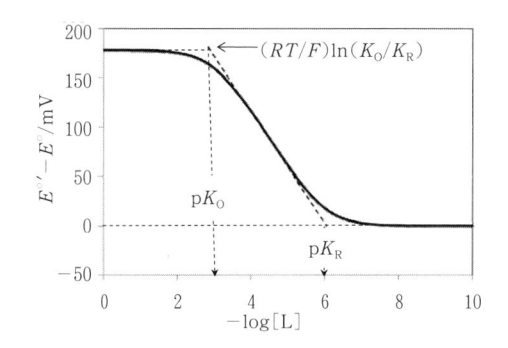

図 4.5 錯生成に伴う式量電位の変化の様子
L を H^+ と考えれば，式量電位の pH 依存性として考えられる．

$E° = 0.77$ V から，$Fe(CN)_6^{3-/4-}$ の酸化還元電位を 0.36 V と求めることができる．CN^- は，Fe^{2+} より Fe^{3+} に対する配位能がはるかに強いため，式 (4.21) の平衡が左に移動したと考えればよい．

これまでは H^+ 付加や錯生成の配位子の影響について述べたが，反応種が特にイオンの場合には，酸解離定数と同様，その式量電位はイオン強度にも大きく依存する．これはあるイオンとそのまわりのイオンとの静電相互作用によってそのイオンが安定化するためである．イオン強度が低い領域では，イオン強度が大きくなるほど，また対象となるイオンの価数が大きいほど，より安定化される．したがって，たとえば，$Fe(CN)_6^{3-/4-}$ の場合，イオン強度が増加すると，$Fe(CN)_6^{4-}$ が相対的により安定化され，式量電位は正電位側にシフトする．

COLUMN

シトクローム c

シトクローム c（Cyt c：図 4.6）は呼吸鎖の電子伝達に関わる非常に重要なタンパク質であり，その酸化還元中心はヘム鉄である．ヘム配位子は Fe^{2+} より Fe^{3+} に対する配位能が高いため，その酸化還元電位は Fe^{2+}/Fe^{3+} のそれより負にシフトしている（$E°' = 0.254$ V，pH 7）．還元状態ではヘムとの配位が弱まるため，まわりに CN^- や CO があると容易に配位子が置換されてしまい，本来の機能をなくし，生物は死に至る．生体中では Fe^{2+}/Fe^{3+} を含むタンパク質が多いが，Fe^{2+}/Fe^{3+} に対する配位子の錯生成能の違いからその酸化還元電位はさまざまな値をとることになる．

4.5 平衡と速度

これまで述べてきたように酸塩基反応と酸化還元反応は，きわめて類似している．実際，Usanovich はこのような視点から両者を包括する概念を提案している．酸塩基反応は $\Delta G < 0$ であれば，多くの場合，その反応は進行すると考えてよいが，酸化還元反応はたとえ $\Delta G < 0$ でもその反応が進行しないことがあ

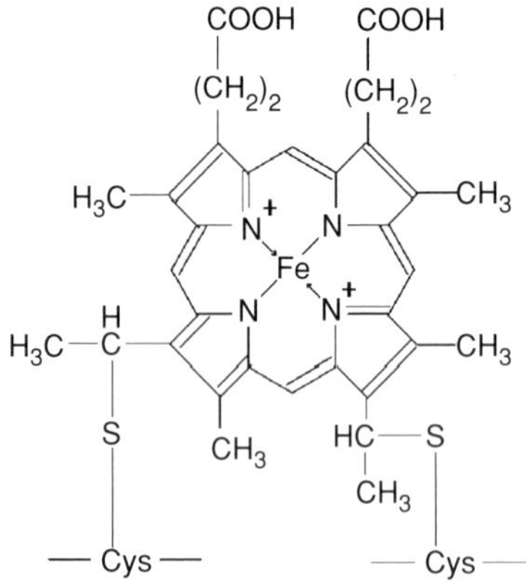

図 4.6　シトクロム c

る．水素に火をつけると爆発的に燃えることからわかるように，水素から酸素への電子移動は $\Delta G° \ll 0$ である．しかし，常温で水素と酸素を混ぜただけでは，全く反応が進行しない．ショ糖と酸素の反応も同様であり，これはその反応の活性化エネルギーが大きいためである．燃料電池では白金などを，また，生体は酵素を触媒として酸化還元反応を促進し，エネルギー変換している．このことはきわめて重要な意味をもっている．つまり，水素や糖類といった還元剤を化学エネルギーとして蓄え，「必要なときに」エネルギー変換できるからである．

このように，活性化エネルギーが大きい酸化還元反応を迅速に進行させるためには反応を促進する工夫が必要になる．酸化還元滴定においては，加熱したり，過量の試薬で反応させた後に，逆滴定したり，場合によっては触媒を利用することもある．

一方，ORP 電極を用いたポテンショメトリーにおいても，すべての酸化還元対が電極と速やかに平衡になるとは限らない．有機酸やアルコールのように，電極反応速度が極端に小さいものは，濃度比変化による電位応答さえ得られない場合もある．このため ORP 測定においてもしばしば触媒が必要となる．

4.6　分析的応用例

a．ヨウ素滴定

ヨウ素（I_2）は，還元されてヨウ化物イオン（I^-）となる．

$$I_2 + 2e^- \rightleftarrows 2I^- \quad (E° = 0.54 \text{ V}) \tag{4.25}$$

I_2 は水にはほとんど溶けないが，I^- があると，三ヨウ素酸イオンとなり溶ける（$I_2 + I^- \rightleftarrows I_3^-$）．$I_3^-$ はヨウ素系うがい薬でおなじみの赤褐色を呈する．電子の移動数において，I_3^- は I_2 と同じであるため，当量関係を考えるときには I_2 とし

て表記しても差し支えない．強い還元剤をI_2で酸化的に滴定する方法や，強い酸化剤を過剰のI^-と反応させて遊離するI_2を還元的に滴定する方法をヨウ素滴定という．I_2は塩基性溶液中では不均化反応($I_2+2OH^- \rightleftarrows IO^-+I^-+H_2O$)[8]を起こすので，通常は酸性溶液中で反応させる．I^-が溶存酸素により酸化されやすくなることに留意する必要がある．その理由は，酸素は還元の際にH^+の移動を伴うので，式(4.19)からわかるようにその酸化力は酸性溶液中で増大するためである．一方，アルデヒドとI_2の反応は塩基性溶液中で進行させるので($RCHO+I_2+3OH^- \rightarrow RCOO^-+2I^-+2H_2O$)，アルデヒドの定量は塩基性条件で行う．

酸化的ヨウ素滴定の例としてアスコルビン酸（ビタミンC）をあげる．アスコルビン酸は，比較的強い還元性を有し，酸化されてデヒドロアスコルビン酸となる．したがって，酸性溶液中でI_2により直接滴定できる．ただし，食品中のアスコルビン酸の定量をする場合，ポリフェノールなどの還元物質が共存すると，その還元剤とI_2が反応するため，定量値に影響を与える．

$$\text{(アスコルビン酸)} \rightleftarrows \text{(デヒドロアスコルビン酸)} + 2e^- + 2H^+ \quad (4.26)$$

4.2節では，当量点の判断とは，電位飛躍の検出として説明したが，過量に加えた試薬の検出や反応物の消失を検出して終点を判定することもある．この場合には終点付近でデンプン溶液を加え，過量のI_2によるヨウ素-デンプン反応による紫色の呈色を利用して，終点を鋭敏に検出できる．

塩素(Cl_2)のような強い酸化剤を定量するには，過剰のI^-を加えて，遊離するI_2を定量する方法がある．たとえば，さらし粉中の次亜塩素酸イオン(ClO^-)を定量する場合，まず試料に酸を加え均化反応($ClO^-+Cl^-+2H^+ \rightarrow Cl_2+H_2O$)により塩素を遊離させた後，$I^-$で還元する．

$$Cl_2+2I^- \longrightarrow 2Cl^-+I_2 \quad (4.27)$$

そして，遊離したI_2をチオ硫酸ナトリウム液($Na_2S_2O_3$)で滴定する．

$$2S_2O_3^{2-} \longrightarrow S_4O_6^{2-}+2e^- \quad (4.28)$$

終点検出はヨウ素-デンプン反応を利用する．

b. 過マンガン酸滴定

MnO_4^-は強い酸化剤として働き，酸性溶液中で1 molあたり5電子還元される．

$$MnO_4^-+5e^-+8H^+ \longrightarrow Mn^{2+}+4H_2O \quad (4.29)$$

MnO_4^-を用いる酸化的滴定を過マンガン酸滴定という．MnO_4^-を使う滴定で

---

[8] 不均化反応： 同じ種類の物質同士の間で電子移動などを行い，その物質が2種類の異なる物質に変化する現象のことを不均化反応という．この例では酸化数0のI_2が酸化数+1のIO^-と−1のI^-になっている．また，この逆反応のことを均化反応と呼ぶ．

は，4.4節で説明したように，その酸化力を高めるために，酸性中で反応させる．ただし，塩酸（HCl）では塩化物イオン（Cl$^-$）が酸化され塩素（Cl$_2$）を遊離し，また硝酸（HNO$_3$）はそれ自体が酸化性を示すため適さない．そこで硫酸（H$_2$SO$_4$）により液性を酸性とする．

化学的酸素消費量（chemical oxygen demand：COD）の測定を例にあげ，過マンガン酸滴定を説明する．COD とは検体としての水の中に含まれる有機物などの還元物質[9]の量を，化学的酸化反応により酸化する際の酸化剤の量で表したものである．COD 測定では，反応速度が小さい有機物などを測定対象としているため，過剰の過マンガン酸カリウム（KMnO$_4$）を加えて試料溶液を酸化する．

反応終了後，過剰の MnO$_4^-$ を十分な量のシュウ酸カリウム（K$_2$C$_2$O$_4$）を加え還元する．

$$2MnO_4^- + 5C_2O_4^{2-} + 16H^+ \longrightarrow 2Mn^{2+} + 10CO_2 + 8H_2O \tag{4.30}$$

残存するシュウ酸イオン（HC$_2$O$_4^-$）を濃度既知の過マンガン酸カリウム水溶液で滴定する．生成する Mn^{2+} は無色であるが，MnO$_4^-$ は赤紫色を呈しているので，過剰となった MnO$_4^-$ による呈色で終点を判定できる．

c. イオン選択性電極

適当な膜と溶液の間で，電荷 z の同一イオン A が分配すると，膜電位が発生する．この膜電位は理想的には，次のイオンの分配に関するネルンスト式で表される．

$$E = \frac{RT}{zF} \ln \frac{[A]_o}{[A]_i} \tag{4.31}$$

ここで，[A]$_o$ は溶液中でのイオン A の濃度，[A]$_i$ は膜中でのイオン A の濃度である．特定のイオン A と選択的に結合する固体膜，液膜，あるいは高分子膜

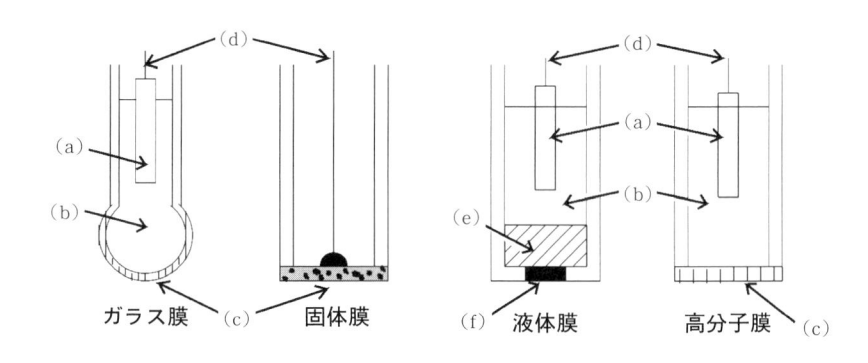

図 4.7 イオン選択性電極の構造の例
(a) 内部電極，(b) 内部液，(c) 感応膜，(d) リード線，(e) イオン感応膜，(f) 多孔質膜．

---

[9] 還元物質に含まれる物質：各種の有機物以外に，亜硫酸塩，第一鉄塩，硫化物などが還元剤として含まれるが，通常は，塩酸塩は測定対象としない．ただし，COD 測定の条件によっては Cl$^-$ が酸化され Cl$_2$ が遊離し COD 値が高くなるので，あらかじめ硝酸銀（AgNO$_3$）溶液を加えて Cl$^-$ を AgCl として沈殿させる．

で電極を覆ったものをイオン選択性電極という．図 4.7 にそれぞれのイオン選択性電極の構造を示す．

イオン選択性電極を溶液に浸すと，溶液中のイオン A の濃度と膜内濃度の比に応じた膜電位が生じる．この電極の電位を参照電極に対して測定する．このようなイオン選択性電極の膜では通常，膜内のイオン濃度は一定と考えられるので，セル電圧 E は，

$$E = 定数 + \frac{RT}{zF}\ln[A]_o \tag{4.32}$$

となり，ポテンショメトリーにより試料溶液中のイオン濃度を知ることができる．電位変化の $\log[A]_o$ に対する勾配が，式（4.32）に示されるように，$59/z$ mV（25℃）となるときネルンスト応答したという．

d. ガラス電極

ガラス膜も H^+ に選択的に応答するので，一種のイオン選択性電極と考えることができる．ガラス膜を挟んだ内部と外部の溶液の H^+ 濃度が異なる場合に，式（4.32）で表されるような膜電位が発生する．このガラス膜電極系をガラス電極といい，これを適当な参照電極系と組み合わせてセル電圧を測定すれば，測定対象としての溶液中の H^+ 濃度がわかる．これがガラス電極を用いた pH 測定の原理である．ガラス電極の一例を図 4.8 に示す．

市販のガラス電極は，たとえば，Ag｜AgCl(s)｜KCl‖H^+（被測定液）｜ガラス薄膜｜H^+（内部液）・KCl｜AgCl(s)｜Ag といった構造の複合電極型となっていることが多い．ガラス電極では完全なネルンスト応答が得られるわけではなく，ガラス膜の状態にも依存する．このため，pH 測定するに当たり，事前に pH 標準液で校正する必要がある．また，式（4.32）からもわかるように，温度制御して測定することが重要である．

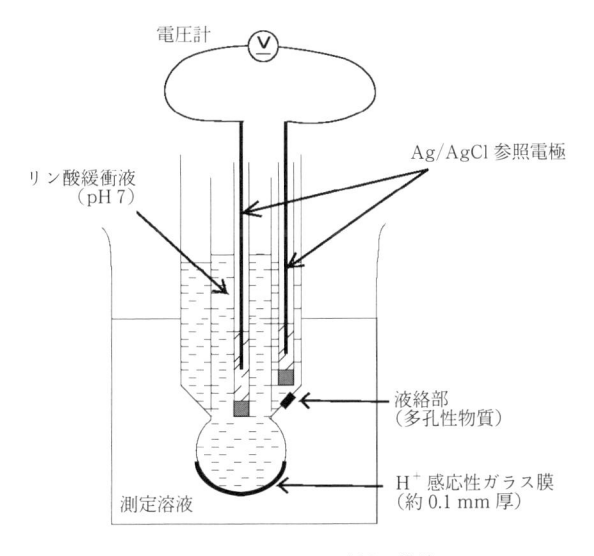

図 4.8 ガラス電極の構造

このガラス電極による H^+ 濃度の測定範囲は14桁程度にも達する．単一装置でこのような広い範囲を測定できるものはほかになく，非常に優れた電極と考えられる．ただし，pHが高くなると，Na^+ などの影響を受けやすくなる．また，比較的簡単で汎用の測定装置であるが，使い方を誤ると，測定値の信頼性は低下する．たとえば，液絡部分は非常に汚染されやすく，Ag由来の汚染があると，そこで液間電位を発生する．この電位による誤差は特にイオン強度が低い条件において大きくなるので，雨水などのpH測定には，特に注意が必要である．液絡汚染を軽減するにはガラス電極内をゴムキャップを外すなどして陰圧にしないようにする．

練習問題

4.1 次に示す電池の電極の極性，反応の方向，起電力ならびに平衡定数を求めよ．
$Cu|Cu^{2+}(0.01\,M)\,\|\,Fe^{2+}(0.100\,M),\,Fe^{3+}(0.02\,M)|Pt$
ただし，
$Cu^{2+} + 2e^- \rightleftharpoons Cu$,　$E° = 0.337\,V$
$Fe^{3+} + e^- \rightleftharpoons Fe^{2+}$,　$E° = 0.771\,V$
また，$2.303RT/F = 0.059\,V$ とする．

4.2 シトクロム c（Cyt c）の中心イオンが Fe^{3+} のときと Fe^{2+} のときの結合定数をそれぞれ K_O と K_R とする．また，シトクロム c および Fe^{3+}/Fe^{2+} 対の（ある条件での）標準酸化還元電位はそれぞれ $E°{}'(Cyt\,c) = 0.254\,V$ と $E°{}'(Fe) = 0.771\,V$ である．このとき，$\log(K_O/K_R)$ を計算せよ．ただし，$2.303RT/F = 0.059\,V$ とする．

4.3 A君は酸素と水の平衡に着目して，ORP電極を用いて，酸素濃度を測定しようと考えた．この方法に問題があるか．もし問題がある場合，その問題を解決することができるか考えよ．

4.4 汚水のCODを測定するため，試料 100.0 mL をフラスコにとり硫酸酸性にした．0.005 M $KMnO_4$ 10.0 mL（ファクター 1.002）を加え，加熱後，0.0125 M $Na_2C_2O_4$ 水溶液 10.0 mL を加えた．この溶液を 0.005 M $KMnO_4$ 水溶液で滴定したら，8.23 mL を要した．空試験では 0.16 mL を要した．この試料のCOD（O_2 mg L^{-1}）を求めよ（実際の標準試薬を調製する際には，目的濃度に精確に合わせることは困難である．表示された標準液濃度と実際の濃度との補正係数をファクターと呼ぶ）．

5. 分離分析

　食品，廃水，血液，尿など，さまざまな場面で分析が必要とされる身のまわりの物質は，そのほとんどが多種類の成分を含む「混合物」であり，市販の試薬のように純度の高い物質はほとんどない．第1章でも述べられているように，そのような物質に含まれる特定の成分を分析するためには何らかの方法で「分離」することが不可欠である．本章では，沈殿生成反応および抽出・分配による分離の基礎を学ぶ．そして多段階の抽出・分配を流れの中で行う多様なクロマトグラフィーの分離モードと検出法について述べる．

5.1 沈殿生成反応

　沈殿生成反応は，溶液に溶解している溶質を固体状にして除去する分離方法として簡便・安価で汎用性の高い方法である．工場廃水に代表される廃液に含まれる重金属イオンは，塩基性水溶液（OH$^-$）や硫化水素（H$_2$S）などを反応させて沈殿をつくり，濾過により除去する．また，ある物質を測定する際に，その検出を妨害する共存物質を選択的に分別沈殿により分離除去する場合もある．一方で，この方法は「ある特定の物質を固体状に濃縮する手法」という一面もあり，有機化学などでは「再結晶」という言葉で古くから分離・精製に用いられてきた．ここでは金属イオンを対象とした沈殿生成反応を述べる．

a. 沈殿生成と溶解度積・溶解度

　そもそも，「沈殿が生成する」というのはいかなる現象なのであろうか．塩化ナトリウム（NaCl）を水（H$_2$O）に入れると溶解して透明な溶液が得られる．これは固体の NaCl に水分子が接触すると，Na$^+$ と Cl$^-$ に分かれ，それぞれが水分子と水和するためであることはすでに学習している．この現象は一般に，水和エンタルピー[1]と格子エネルギー[2]の関係で説明される．

　つまり，NaCl などの場合には，格子エネルギーが水和エンタルピーよりも大きいために，自然に進行する現象としては「溶解」が進行する．一方，沈殿の生成はこの逆が起こる現象である．つまり，ある金属イオン（陽イオン）を含む溶液にある種の陰イオンを含む溶液を加えると，それらが静電的相互作用で近づき，それぞれのイオンに水和していた水分子が脱離することによって，陽イオンと陰

---

1) 水和エンタルピー： 気体のイオンが水に溶解する際のエネルギー減少をいう．イオン結晶の格子エネルギーと結晶の水に対する溶解熱（無限希釈）の差に等しい．このようにして得られる水和エンタルピーは正負両イオンの値の和である．
2) 格子エネルギー： 結晶の凝集エネルギー，すなわち，0 K の結晶をその構成要素である原子（またはイオン，分子）に分けてバラバラにするのに必要なエネルギーをいう．

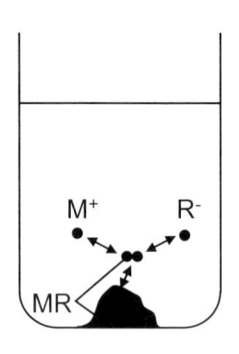

図 5.1 沈殿生成反応

イオンが結晶格子を構成する現象ということができる．つまり，この過程で重要なのは水和エンタルピーと格子エネルギーのバランスということになる．

それでは，ある難溶性塩 MR を水に飽和させた場合，固体 MR(s) と溶液中の MR，および解離して生じている M^+，R^- との間における平衡を考えてみる（図 5.1）．ここでは，

$$\mathrm{MR(s)} \rightleftarrows \mathrm{MR} \rightleftarrows \mathrm{M^+ + R^-} \tag{5.1}$$

という平衡が成立している．式 (5.1) の 2 段目の平衡に質量作用の法則を適用すると，平衡定数を K として，

$$\frac{[\mathrm{M^+}][\mathrm{R^-}]}{[\mathrm{MR}]} = K \tag{5.2}$$

となる．この式は溶液が沈殿 MR で飽和している場合には，温度とイオン強度が一定ならば [MR] は一定の値となる．したがって式 (5.2) は，

$$[\mathrm{M^+}][\mathrm{R^-}] = K[\mathrm{MR}] = K_{\mathrm{sp,MR}} \tag{5.3}$$

と書ける．ここで $K_{\mathrm{sp,MR}}$ は溶解度積と呼ばれ，それぞれの難溶性物質に固有かつ，温度とイオン強度によって決まる定数である．

M^+ の濃度と R^- の濃度の積（$[\mathrm{M^+}][\mathrm{R^-}]$）と，その溶解度積 $K_{\mathrm{sp,MR}}$ の間には，下記の①～③の関係があり，M^+ および R^- を含む溶液から沈殿 MR が生成するか，あるいは溶解するかを推定することができる．溶解度積の小さい難溶性の塩は，$[\mathrm{M^+}][\mathrm{R^-}]$ の値が溶解度積を容易に超えるため，沈殿も生成しやすいが，溶解度積の大きい塩は沈殿が生成しにくい．

① $[\mathrm{M^+}][\mathrm{R^-}] > K_{\mathrm{sp,MR}}$： 沈殿 MR が過飽和 ⇒ $[\mathrm{M^+}][\mathrm{R^-}] = K_{\mathrm{sp,MR}}$ になるまで沈殿 MR が生成．

② $[\mathrm{M^+}][\mathrm{R^-}] = K_{\mathrm{sp,MR}}$： 沈殿 MR が飽和 ⇒ 沈殿 MR は生成せず溶解もしない．

③ $[\mathrm{M^+}][\mathrm{R^-}] < K_{\mathrm{sp,MR}}$： 沈殿 MR が未飽和 ⇒ 沈殿 MR は生成しない．ここに MR を加えると $[\mathrm{M^+}][\mathrm{R^-}] = K_{\mathrm{sp,MR}}$ になるまで解離して溶解．

上記では溶解度積を用いて溶液内平衡に関する考え方を述べたが，物質の溶解に関して重要なもう一つの定数として，溶解度 (solubility) がある．これは「固体と平衡にある飽和溶液の濃度」として定義され，いくつかの単位による溶

解度表記法[3])が知られている.

溶解度は溶解度積 K_{sp} から計算可能であり,またその逆も可能である.たとえば上記の難溶性塩 MR の溶解度をモル濃度表記で S_{MR} とすると,この飽和溶液中では [M^+] と [R^-] が等しいため,

$$S_{MR} = [M^+] = [R^-] \tag{5.4}$$

となる.ここで,式 (5.3) から,

$$K_{sp, MR} = [M^+][R^-] = S_{MR} \cdot S_{MR} \tag{5.5}$$

したがって,

$$S_{MR} = \sqrt{K_{sp, MR}} \tag{5.6}$$

となり,双方から簡単に計算可能である.

上記の溶解度積・溶解度の関係をさらに一般化し,沈殿 M_mR_n が生成する場合を考えると次のような平衡が成立し,

$$mM^{n+} + nR^{m-} \rightleftarrows M_mR_n \tag{5.7}$$

溶解度積 K_{sp, M_mR_n} は,

$$[M^{n+}]^m[R^{m-}]^n = K_{sp, M_mR_n} \tag{5.8}$$

と表すことができる.一方,溶解度 S は

$$[M^{n+}] = mS_{M_mR_n}, \qquad [R^{m-}] = nS_{M_mR_n} \tag{5.9}$$

となるから,溶解度積と溶解度の関係は,

$$K_{sp, M_mR_n} = (mS_{M_mR_n})^m(nS_{M_mR_n})^n = m^m n^n S_{M_mR_n}^{(m+n)} \tag{5.10}$$

となる.

COLUMN

塩化銀と塩化ナトリウムの溶解度

塩化ナトリウム(NaCl)は水によく溶ける.溶かしていくとどんどん溶けていくので,どこまでも溶け続けるような気がしてしまう.一方,塩化銀(AgCl)はほとんど水に溶けない.硝酸銀($AgNO_3$)の水溶液に NaCl の水溶液を加えていくと,すぐに AgCl の沈殿が出てくるような気がする.さて,それではこれらのことを定量的に調べるとどのようになるのだろうか.ここで,AgCl と NaCl について,25℃ における溶解度を比べてみよう.化学便覧によれば,それぞれの溶解度は $S_{AgCl} = 1.93\,(10^4\,\mathrm{g\,cm^{-3}})$, $S_{NaCl} = 6.49\,(\mathrm{mol\,kg^{-1}})$,となっている.便宜上,1 kg = 1 000 cm^3 = 1 L とおくと,モル濃度で表したそれぞれの溶解度は $S_{AgCl} = 0.0000134$ M,$S_{NaCl} = 6.49$ M となる.NaCl はよく溶けて,AgCl はあまり溶けない.これを定量化すると,なんと 5 桁もの違いがあるわけだが,それぞれの飽和溶液中で起こっている現象は基本的に同じであるところが興味深い.NaCl だっていくらでも溶けるわけではないのだ.

---

3) 溶解度表記法:
① モル分率 x: 無次元(溶質の物質量/溶液の全物質量)
② モル濃度 c: M = mol L^{-1}(飽和溶液 1 L 中の溶質の物質量)
③ 質量モル濃度 m: mol kg^{-1}(溶媒 1 kg 中の溶質の物質量)
④ 質量百分率 w: 無次元(対溶液,飽和溶液 100 g 中の溶質の質量)
⑤ 質量百分率 w': 無次元(対溶媒,溶媒 100 g 中の溶質の質量)
⑥ 質量濃度 s: g cm^{-3}(対溶液,飽和溶液 100 cm^3 中の溶質の質量)
⑦ 質量濃度 s': g cm^{-3}(対溶媒,溶媒 100 cm^3 中の溶質の質量)

b. 溶解度に及ぼす共通イオンの効果

a項では溶液中に難溶性塩のみが含まれる理想的な反応系を取り扱った．沈殿の溶解度は，溶媒種・温度・共存するイオンなどの影響を受けて変化する．しかしながら，この現象をよく理解した上でうまく活用すれば特定の物質を沈殿除去することも可能となる．ここではそれらのうち，最も重要な共通イオン効果について述べる．

a項で取り扱った難溶性塩 M_mR_n の飽和溶液に，濃度 $C_{R^{m-}}$ の R^{m-} を加えると，M_mR_n がさらに沈殿する．この現象を溶解度積の式で表すと下記のようになる．

$$K_{sp, M_mR_n} = [M^{n+}]^m([R^{m-}] + C_{R^{m-}})^n \tag{5.11}$$

一般に，$[R^{m-}] \ll C_{R^{m-}}$ であるから，式（5.11）は以下のように書き替えられる．

$$K_{sp, M_mR_n} = [M^{n+}]^m C_{R^{m-}}{}^n \tag{5.12}$$

よって溶解度 S は次式となる．

$$S = [M^{n+}] = \left(\frac{K_{sp, M_mR_n}}{C_{R^{m-}}{}^n}\right)^{\frac{1}{m}} \tag{5.13}$$

式（5.13）において，添加する R^{m-} に関連する項および係数はそれぞれ，$C_{R^{m-}}$ および n である．したがって，$C_{R^{m-}}$ が大きくなるほど，また，$C_{R^{m-}} < 1\,M$ の場合には n が小さいほど，沈殿の溶解度が減少することになる．これを共通イオン効果と呼ぶ．この関係は，M^{n+} を定量的に沈殿分離させるのに利用することができる．しかしながら，場合によっては M^{n+} と R^{m-} の間で逐次的な錯生成反応が起こってしまう場合もあるため，条件を吟味して用いる必要がある．

c. 分別沈殿

金属イオンの混合物から特定の金属イオンだけを濃縮回収する分別沈殿は，有害物質除去などの観点から大変重要である．どのようにすれば，特定の金属を溶液にイオンとして残しながら望みの金属の沈殿を得ることができるだろうか．

ここでは $1.0 \times 10^{-2}\,M$ の Ca^{2+} と Ba^{2+} をそれぞれ含む水溶液に F^- を加え，CaF_2，BaF_2 を沈殿させる場合を考える．これらの難溶性塩の溶解度積 K_{sp} はそれぞれ，

$$K_{sp, CaF_2} = 1.7 \times 10^{-10}$$

$$K_{sp, BaF_2} = 2.4 \times 10^{-5}$$

である．これらの数値から，それぞれの沈殿生成のしやすさには差があり，a項に述べた式（5.3）および溶解度積と沈殿生成の関係を考えると，F^- を加えた場合には，K_{sp} 値の小さな CaF_2 が先に沈殿生成を始めることがわかる．つまり，適切な条件を選んでやれば，Ba^{2+} をイオンの形で溶液中に残したまま，Ca^{2+} のみを沈殿させることができることになる．あらかじめ溶解度積がわかっていれば，その数値を比較することでどの金属が先に沈殿するかを予測でき，分別沈殿が達成できるのである．

それでは実際にその適切な条件を定量的に求めてみる．溶液中で Ca^{2+} と Ba^{2+} は錯生成反応などの副反応は起こさないものとする．Ca^{2+} が定量的に沈殿

するという現象を，沈殿 99.9％ 以上・溶解化学種 0.1％ 以下と定義すると，これは初期量の 1/1 000 が沈殿しないで残る条件を計算することになる．この場合，Ca^{2+} が初期濃度 1.0×10^{-2} M の 1/1 000 になる濃度，つまり 1.0×10^{-5} M 以下になればよく，必要な F^- 濃度は，

$$[F^-] = \sqrt{\frac{1.7\times10^{-10}}{1.0\times10^{-5}}} = 4.1\times10^{-3} \text{ M}$$

となる．一方，Ba^{2+} が沈殿生成を始める F^- 濃度は，

$$[F^-] = \sqrt{\frac{2.4\times10^{-5}}{1.0\times10^{-2}}} = 4.9\times10^{-2} \text{ M}$$

であるから，この場合には F^- 濃度を 4.9×10^{-2} M 〜 4.1×10^{-3} M に保っておけば，Ba^{2+} をほぼイオンの状態に保ったまま，Ca^{2+} だけを沈殿させる分別沈殿が達成できることになる．

d. 沈殿滴定

沈殿生成反応を定量分析に用いる場合，第 3 章，第 4 章でも触れた「滴定」を用いることができる．酸塩基滴定などの他の滴定と比較すると，指示薬の選択種が少ない，沈殿生成反応速度が遅い，吸着や共沈の影響を受けやすいなどの欠点のために，分析対象は銀イオン（Ag^+），ハロゲン化物イオン（X^-），チオシアン酸イオン（SCN^-）などに限定されてしまうが，それらの分析法としては大変有用である．沈殿生成反応の進行は，沈殿生成のしやすさによって決まる．つまり，沈殿の溶解度積が小さいほど沈殿が生成しやすいために，当量点での反応がより定量的に進行しやすく，反応するイオン濃度変化も大きい．

ここで，これまでと同様に滴定曲線を考える．図 5.2 に，1.00×10^{-1} M の NaCl，NaBr，NaI 水溶液 50.0 mL を 1.00×10^{-1} M の硝酸銀（$AgNO_3$）水溶液で滴定した場合の滴定曲線を示す．これはハロゲン化物イオンの定量でよく用いられる滴定の例である．式（5.14）で示す塩化銀（AgCl）の生成反応に着目して考え，他の副反応は起こらないものとする．また，この反応の $K_{sp, AgCl}$ は 1.8×10^{-10} とする．

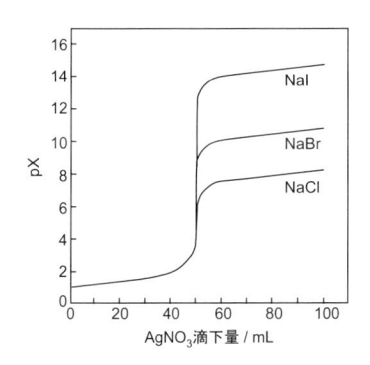

図 5.2 硝酸銀水溶液によるハロゲン化物イオンの滴定曲線
X はハロゲン化物イオンで，pX＝$-\log[X^-]$ である．

$$Ag^+ + Cl^- \rightleftarrows AgCl\downarrow \tag{5.14}$$

この滴定反応では，滴定時に生成するAgClが解離した際に生成するCl$^-$濃度が，当量点前後でどのように変化するか考慮することが，精確にCl$^-$濃度を定量するポイントとなる．ここでは滴定の順を追って反応をみていくことにする．

(1) 当量点以前—滴定開始直後—

ここでは，Cl$^-$濃度がまだ高濃度であるために，AgClの溶解からのCl$^-$濃度はほぼ無視できる．したがって，たとえば10.0 mLのAgNO$_3$水溶液を加えたときのCl$^-$濃度は，

$$[Cl^-] = \frac{50.0 \times 0.100 - 10.0 \times 0.100}{50.0 + 10.0} = 6.67 \times 10^{-2} \text{ M}$$

となる．つまり，pCl（$= -\log[Cl^-]$）$= 1.18$である．

(2) 当量点直前

滴定が進行し，当量点が近づいてくるとCl$^-$濃度がしだいに減少してくる．したがって，AgClの溶解からのCl$^-$濃度の増加分 s Mを考慮する必要がある．たとえば，49.9 mLのAgNO$_3$水溶液を加えたとき，まずは化学反応によりCl$^-$は消費され，$(50.0 \times 0.100 - 49.9 \times 0.100)/(50.0 + 49.9) = 1.00 \times 10^{-4}$ Mだけ残る．これに沈殿の溶解からのCl$^-$濃度の増加分 s（Ag$^+$濃度もsとなる）があるが，溶液全体の溶解度積は，

$$K_{sp,\text{AgCl}} = 1.8 \times 10^{-10} = s(s + 1.00 \times 10^{-4})$$

となり，これより $s = 1.8 \times 10^{-6}$ と求まる．ゆえに等量点直前の溶液のCl$^-$濃度は，

$$[Cl^-] = 1.8 \times 10^{-6} + 1.00 \times 10^{-4} \sim 1.0 \times 10^{-4}$$

となり，pCl$= 4.0$となる．

(3) 当量点

当量点は50.0 mLのAgNO$_3$水溶液を加えた場合に相当するが，式(5.4)，(5.6)が成立するため，

$$[Ag^+] = [Cl^-] = \sqrt{K_{sp,\text{AgCl}}}$$

したがって，

$$[Cl^-] = 1.3 \times 10^{-5} \text{ M}$$

となり，pCl$= 4.9$である．

(4) 当量点直後

ここでは，Cl$^-$はほとんど消費してしまっているため，Ag$^+$濃度に着目してCl$^-$濃度を計算する．たとえば50.1 mLのAgNO$_3$水溶液を加えた場合，化学反応によりAg$^+$は消費され，$(50.1 \times 0.100 - 50.0 \times 0.100)/(50.0 + 50.1) = 1.00 \times 10^{-4}$ Mだけ残る．これに沈殿の溶解からのAg$^+$濃度の増加分 s'（Cl$^-$濃度もs'となる）があるが，溶液全体の溶解度積は，

$$K_{sp,\text{AgCl}} = 1.8 \times 10^{-10} = (s' + 1.00 \times 10^{-4})s'$$

となり，これより $s' = 1.8 \times 10^{-6}$ と求まる．ゆえに等量点直後の溶液のAg$^+$濃度は，

$$[\mathrm{Ag}^+] = 1.8\times10^{-6}+1.00\times10^{-4} \sim 1.0\times10^{-4}$$

となり，pAg=4.0 である．

ところで K_{sp} が 1.8×10^{-10} であることから，pCl+pAg=9.7 となる．よって，pCl=5.7 となる．

(5) 当量点後

ここでも（4）同様に Ag^+ 濃度に着目するが，この状態では AgCl の溶解からの Cl^- 濃度はほぼ無視できる状態になる．たとえば 80.0 mL の AgNO_3 水溶液を加えた場合の Ag^+ 濃度は，

$$[\mathrm{Ag}^+] = \frac{80.0\times0.100-50.0\times0.100}{50.0+80.0} = 2.31\times10^{-2}\,\mathrm{M}$$

となり，pAg=1.64 であり，（4）の場合と同様に計算して，pCl=8.1 となる．

図 5.2 では，ハロゲン化物イオンの種類の違いによって，滴定曲線の pX 変化量が異なるが，これは，それぞれのハロゲン化銀が生成する際の K_{sp} 値の違いである．$K_{\mathrm{sp,AgBr}} = 5.0\times10^{-13}$，$K_{\mathrm{sp,AgI}} = 8.3\times10^{-17}$ であり，K_{sp} の小さな沈殿が生成する場合ほど，ハロゲン化物イオン濃度は急激に減少し，特に NaI は他の 2 種と比較して精度の高い定量が可能となる．

沈殿滴定の終点の判定は，電位差，拡散電流および電気伝導率測定による方法などがあるが，酸塩基滴定同様に，指示薬を用いる方法もよく知られている．沈殿滴定で使われている指示薬の反応機構には主として下記の 2 種がある．

① 過剰の滴定剤と反応し，着色沈殿または可溶性の着色錯体を生成．

② 当量点における沈殿の表面特性変化により，沈殿表面と相互作用して着色沈殿を生成．

①はモール法（Mohr method）として知られる方法であり，たとえば Cl^- を濃度既知の Ag^+ で滴定する際に，クロム酸イオン（CrO_4^{2-}）溶液を加えて滴定する場合がこれに当たる．この場合，Cl^- が完全に反応してしまった後に，過剰の Ag^+ が CrO_4^{2-} と反応してクロム酸銀（$\mathrm{Ag}_2\mathrm{CrO}_4$）の沈殿（赤）を生じるため，目視で終点を検出できる．

②はファヤンス法（Fajan's method）として知られる方法であり，たとえば Cl^- を濃度既知の Ag^+ で滴定する際にフルオレセイン溶液を加えて滴定する場合がこれに当たる．この場合，滴定で生成する沈殿表面の電荷は，Cl^- が完全に反応するまでは Cl^- 過剰であるために負である．当量点を過ぎると沈殿表面に Ag^+ が付着するために電荷が正に逆転し，陰イオン性のフルオレセインが吸着して色調の変化を生じるため，目視で終点を検出できる．この方法は吸着指示薬法とも呼ばれる．

5.2 抽出・分配

分離したい物質が容易に沈殿を生成する場合は限定される．一方で多くの化合物に適用可能な汎用的分離法として，水と有機溶媒のように混ざり合わない 2

つの液相間の分配を利用した分離法が知られている．本節では，この抽出・分配を利用した分離法について学ぶ．

a. 抽出・分配における分配係数

複数成分の溶質が溶解している溶液相を，その溶液相と混じり合わない相（液相または固相）と接触させ，それぞれの溶質が2相間に分配される際の分配平衡の違いを利用して物質を分離する方法を抽出と呼ぶ．2つの相が両方とも液体の場合を溶媒抽出と呼び，液体–固体の場合を固相抽出と呼ぶ．溶媒抽出法は，水と有機溶媒などのように互いに混じり合わない2相間で，分子がその分配係数に従って分配される現象を利用しており，その関係は式（5.15）で表される．

$$K_\mathrm{D} = \frac{[\mathrm{S}]_\mathrm{o}}{[\mathrm{S}]_\mathrm{w}} \tag{5.15}$$

ここで [ ] は溶質濃度，添え字の o, w はそれぞれ有機相，水相を指す．K_D は分配係数と呼ばれ，2相間の溶質分配に基づく平衡定数である．図5.3に2相間分配のイメージを示す．この定数は有機相の種類や温度など，一定の条件下では物質に固有であり，物質による分配係数の差を利用して，分離を行うことができる．一般に，長いアルキル基を有するような疎水性の高い有機化合物は有機相に溶解しやすいために K_D が大きく，イオン性の化合物は水に溶けやすく K_D が小さい．しかしながら，後述するように，酢酸や安息香酸などの酸解離可能な官能基を有するイオン性有機化合物などではpHを変化させることによりいずれの相にも抽出できる．また，K_D の小さなイオン性化合物でも，疎水性有機物との錯生成反応などでその電荷を打ち消すことにより有機相に抽出することができる．以下，その抽出の戦略を述べる．

b. 抽出の pH 依存性

分配される化学種Sがそれぞれの相中で解離したり錯生成するなど異なる化学種となって存在する場合には，有機相，水相に存在するすべての化学種の濃度の比で表される分配比 D が実用上は有用である．たとえば図5.4に示すような，ある酸HAの分配を考える場合，HAの分配係数は式（5.15）同様に表すと下記のようになる．

$$K_\mathrm{D} = \frac{[\mathrm{HA}]_\mathrm{o}}{[\mathrm{HA}]_\mathrm{w}} \tag{5.16}$$

一方でHAが水溶液中で解離する場合には，HAの酸解離定数 K_a は次式で表される．

$$K_\mathrm{a} = \frac{[\mathrm{H}^+]_\mathrm{w}[\mathrm{A}^-]_\mathrm{w}}{[\mathrm{HA}]_\mathrm{w}} \tag{5.17}$$

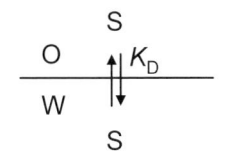

図5.3 2相間分配のイメージ

溶媒抽出の場合，イオン性の化学種はほとんど有機相には抽出されず，電気的に中性の化学種（ここでは HA）のみが有機相に抽出される．したがって，すべての化学種を考慮した分配比 D は次式で表される．

$$D = \frac{[\text{HA}]_\text{o}}{[\text{HA}]_\text{w}+[\text{A}^-]_\text{w}} \tag{5.18}$$

式（5.17）を式（5.18）に代入すると，

$$D = \frac{[\text{HA}]_\text{o}}{[\text{HA}]_\text{w}\left(1+\dfrac{K_\text{a}}{[\text{H}^+]_\text{w}}\right)} \tag{5.19}$$

となる．ここで式（5.16）を代入すると，

$$D = \frac{K_\text{D}}{1+\dfrac{K_\text{a}}{[\text{H}^+]_\text{w}}} \tag{5.20}$$

となり，pH と D の関係を定式化することができる．実際に分配比 D の pH 依存性を評価する場合には，式（5.20）の両辺の対数をとった式（5.21）で考えると便利である．

$$\log D = \log K_\text{D} - \log\left(1+\frac{K_\text{a}}{[\text{H}^+]_\text{w}}\right) \tag{5.21}$$

$\log K_\text{D} = 1.5$，$pK_\text{a} = 4.5$ とした場合の $\log D$ の pH 依存性を図 5.5 に示す．式（5.21）より，pH が pK_a よりも十分に低い（$1 \gg K_\text{a}/[\text{H}^+]_\text{w}$）場合には水相の化学種が HA だけとなり，$\log D = \log K_\text{D}$ となる．逆に，pH が高くなり，酸 HA の解離が進むと，

$$\log D = \log K_\text{D} - \log K_\text{a} + \log[\text{H}^+]_\text{w} = -\text{pH} + \log\frac{K_\text{D}}{K_\text{a}} \tag{5.22}$$

となる．つまり，$\log D$ と pH は傾き -1 の直線関係となり，pH が上昇するにつれて $\log D$ が減少する．これは水相中での酸解離が進むと，抽出される化学種 HA が減るために抽出量も減るという定性的理解と一致する．

c. 分配比と抽出率の関係

b 項で述べた分配比は，分配平衡の関係，つまり濃度と平衡定数がわかっていればその抽出挙動を知ることができる．具体的に最初の液相にあった溶質の何％

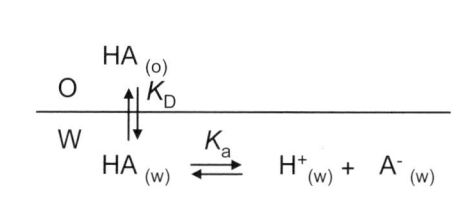

図 5.4 酸性物質 HA の分配

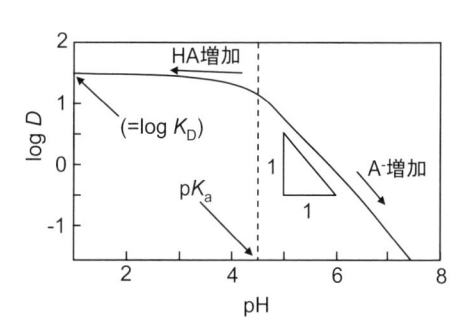

図 5.5 HA の $\log D$ の pH 依存性

がもう一方の液相へ移ったかを評価する場合には，抽出に用いた溶媒の体積を考慮した別の定義が必要となる．それは，溶質を含む最初の液相体積が一定の場合，抽出のために接触させるもう一方の液相体積が異なれば，移動する溶質量も異なってくるためである．この評価に用いられるのが，％抽出率 E（％）である．溶質Sの水相，有機相での全濃度を $C_{S,w}$, $C_{S,o}$ とし，それぞれの相の体積を V_w, V_o とすると，％抽出率 E（％）は次式で示される．

$$E\,(\%) = \frac{C_{S,o}V_o}{C_{S,o}V_o + C_{S,w}V_w} \times 100 \tag{5.23}$$

この式の分子，分母を $C_{S,w}V_o$ で割ると，

$$E\,(\%) = \frac{\dfrac{C_{S,o}}{C_{S,w}}}{\dfrac{C_{S,o}}{C_{S,w}} + \dfrac{V_w}{V_o}} \times 100 = \frac{100D}{D + \dfrac{V_w}{V_o}} \tag{5.24}$$

となる．または変形して，

$$D = \frac{E}{100-E} \times \frac{V_w}{V_o} \tag{5.25}$$

となり，％抽出率 E（％）と上述の分配比 D の関係を導くことができる．

d. イオン性物質の溶媒抽出

一般に，電荷を帯びたイオン性物質は水溶液中で強く水和しており，直接有機溶媒に抽出することは難しい．しかしながら，目的とするイオン性物質の電荷を打ち消す逆の電荷と適切な配位子を有する分子を，イオン性物質とイオン対形成あるいは錯生成させれば，電気的に中性となり疎水性が高くなって有機相への抽出が可能となる．

イオン対形成は金属イオンや有機イオンの抽出に広く利用することができる．陽イオンを抽出する際に対イオンとなる最も典型的なイオンは，アルキルスルホン酸やアルキル硫酸などの有機陰イオン，あるいは ClO_4^- や BF_4^- など，水分子との相互作用の小さなイオンである．陰イオンを抽出する際には疎水性のアルキル基を有する第四級アンモニウムイオンが用いられる．

錯生成で用いられる試薬は主として金属イオンの抽出に用いられるものが多いため，H^+ を解離して陰イオンになる弱酸性物質が多い．また金属イオンと試薬との錯生成能の違いを利用すれば，ある特定の金属イオンのみを抽出することも可能となる．

上記のように，溶媒抽出で用いられる分子を抽出試薬と呼び，特に錯生成を原理とする抽出をキレート抽出，イオン対形成を原理とする抽出をイオン対抽出と呼ぶ．

ここではキレート抽出に汎用される 8-ヒドロキシキノリノール（HL）を用いた水溶液中金属イオンの有機相への抽出について考える（図 5.6）．8-ヒドロキシキノリノールと n 価の金属イオン（M^{n+}）の錯生成反応および平衡定数は式 (5.26)，(5.27) で表される．

$$M^{n+}_{(w)} + nHL_{(o)} \rightleftharpoons ML_{n,(o)} + nH^+_{(w)} \tag{5.26}$$

$$K_{\mathrm{ex}} = \frac{[\mathrm{ML}_n]_{\mathrm{o}}[\mathrm{H}^+]_{\mathrm{w}}^n}{[\mathrm{M}^{n+}]_{\mathrm{w}}[\mathrm{HL}]_{\mathrm{o}}^n} \tag{5.27}$$

この平衡定数 K_{ex} を抽出定数と呼ぶ．8-ヒドロキシキノリノールと金属キレートの分配係数 $K_{\mathrm{D,HL}}$ および $K_{\mathrm{D,ML}_n}$，水中での 8-ヒドロキシキノリノールの酸解離定数 K_{a}，金属キレートの全生成定数 β_n を次のように定義すると，それらの定数と K_{ex} の間には，式（5.32）の関係がある．

$$K_{\mathrm{D,HL}} = \frac{[\mathrm{HL}]_{\mathrm{o}}}{[\mathrm{HL}]_{\mathrm{w}}} \tag{5.28}$$

$$K_{\mathrm{a}} = \frac{[\mathrm{H}^+]_{\mathrm{w}}[\mathrm{L}^-]_{\mathrm{w}}}{[\mathrm{HL}]_{\mathrm{w}}} \tag{5.29}$$

$$\beta_n = \frac{[\mathrm{ML}_n]_{\mathrm{w}}}{[\mathrm{M}^{n+}]_{\mathrm{w}}[\mathrm{L}^-]_{\mathrm{w}}^n} \tag{5.30}$$

$$K_{\mathrm{D,ML}_n} = \frac{[\mathrm{ML}_n]_{\mathrm{o}}}{[\mathrm{ML}_n]_{\mathrm{w}}} \tag{5.31}$$

$$K_{\mathrm{ex}} = \frac{K_{\mathrm{D,ML}_n}\beta_n(K_{\mathrm{a}})^n}{(K_{\mathrm{D,HL}})^n} \tag{5.32}$$

抽出定数 K_{ex} を大きくするには，$K_{\mathrm{D,ML}_n}$，β_n，K_{a} を大きくすること，また $K_{\mathrm{D,HL}}$ を小さくすることが重要となることが式（5.32）からわかる．また金属イオンに関する分配比は次式で示される．

$$D = \frac{[\mathrm{ML}_n]_{\mathrm{o}}}{[\mathrm{M}^{n+}]_{\mathrm{w}}} = \frac{K_{\mathrm{ex}}[\mathrm{HL}]_{\mathrm{o}}^n}{[\mathrm{H}^+]_{\mathrm{w}}^n} \tag{5.33}$$

これを対数表記すると，

$$\log D = \log K_{\mathrm{ex}} + n\log[\mathrm{HL}]_{\mathrm{o}} + n\mathrm{pH} \tag{5.34}$$

となる．この式は，金属イオンに対する 8-ヒドロキシキノリノール濃度が十分に高く，$[\mathrm{HL}]_{\mathrm{o}}$ が一定条件の場合，$\log D$ の pH 依存性を実験的に調べることにより，傾きから n，切片から $\log K_{\mathrm{ex}}$ を求めることができることを示している．したがって，金属イオンの抽出挙動を解析する上で大変重要な関係式である．$[\mathrm{HL}]_{\mathrm{o}}$ を変化させる場合には，pH を一定にしておけば，同様の解析が可能である．

e. 多段抽出

前項までは 1 回の抽出操作を考えた．抽出現象を利用した分離法というものは，極端に分配定数に差がある場合を除き，1 回の抽出操作のみで混合物を完全

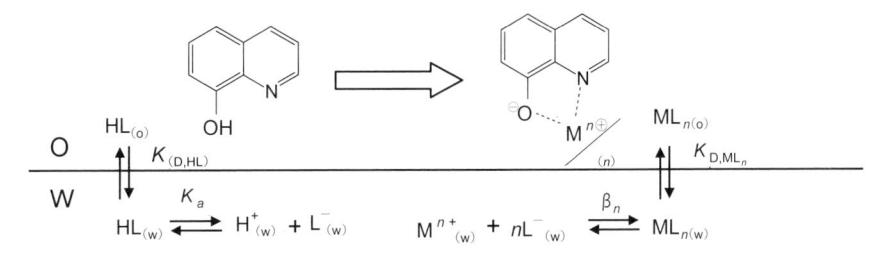

図 5.6　8-ヒドロキシキノリノール（HL）による金属イオン（M^{n+}）の溶媒抽出の模式図

に分離することは困難である．なぜなら，この方法は物質のもつ分配平衡による分離であるために，比較的有機相に溶けやすい物質でも，理論上ある一定の割合で水に分配してしまうからである．しかも複数の成分が混じっている場合には，その分配定数が近ければ，両方とも有機相に抽出されてしまう．

そこで，分配実験が終了した段階で，有機相と水相を別々の容器に取り分け，さらにそれぞれに新しい水相および有機相を加えて分配実験を行い，それを繰り返していく場合を考えてみる．取り分けられた有機相と水相には最初の分配実験で平衡に到達した量の溶質が存在しているのであるから，新しい水相（または有機相）が加えられた場合，分配平衡の式を満たすように化学平衡に到達するはずである．この操作を無限に繰り返していくとどのようになるか考えてみる．

ここで，2種類の溶質 S_A（$K_{D,S_A}=1$）と S_B（$K_{D,S_B}=3$）が有機相 O と水相 W に分配される系を考え，その様子を図 5.7 に示す．ここで下記の仮定をおく．

仮定 ①：　有機相 O は固定されており，動くことができないが，水相 W は矢印の方向に 1 区画ごとに移動することができる．

仮定 ②：　有機相 O と水相 W の間の分配平衡は瞬時に達成される．

まず，区画移動回数 0 の状態で溶質 S_A と溶質 S_B を 1 単位ずつ W_1 の区画に入れた場合，それぞれの成分は上記の仮定②によって，図 5.7（区画移動回数 0）のように有機相・水相に分配される．区画移動回数 1 では水相が右に 1 区画分動くが，区画移動回数 0 で平衡状態に達した量の S_A，S_B を含む W_1 は新しい有機相 O_2 と，O_1 は新しい水相 W_2 と接触するため，ここでも瞬時に平衡に達し，図 5.7（区画移動回数 1）のようになる．次の段階（区画移動回数 2）では，W_1，O_1 は上記の区画移動回数 1 と同様に新しい有機相 O_3，W_3 と接触し，平衡に達するが，W_2，O_2 は双方ともに前区画で平衡に達した量の S_A，S_B を含んでいるため，それらの総量に対する平衡に新たに到達する．以下，同様のことが繰り返されていく．区画移動回数 2 では双方溶質を含む W_2–O_2 間の平衡も考えることになる．

水相に注目してみると，
- いずれの区画でも水相中 S_A の量は S_B よりも必ず多い．
- 区画移動回数が進むごとに，W_1 中の S_A/S_B 比は大きくなっている．
- W_1 中の S_A，S_B 量が 0 に近づいていく区画移動回数（時間）は S_B の方が確実に短い．そのまま行けば，S_B が 0 になった時点で W_1 中には S_A だけが残る．つまり分離されることになる．
- W_1 中 S_A，S_B の総量は，時間が進むごとに減少しており，そのまま行けば限りなく 0 に近くなるであろう．

一方，有機相に注目してみると，
- O_1 中の S_A，S_B 量は，時間が進むごとに減少しており，そのまま行けば限りなく 0 に近くなるであろう．
- O_1 中の S_A，S_B 量が 0 に近づいていく速度は S_A の方が確実に速い．そのまま行けば，S_A が 0 になった時点で O_1 中には S_B だけが残る．つまり分離され

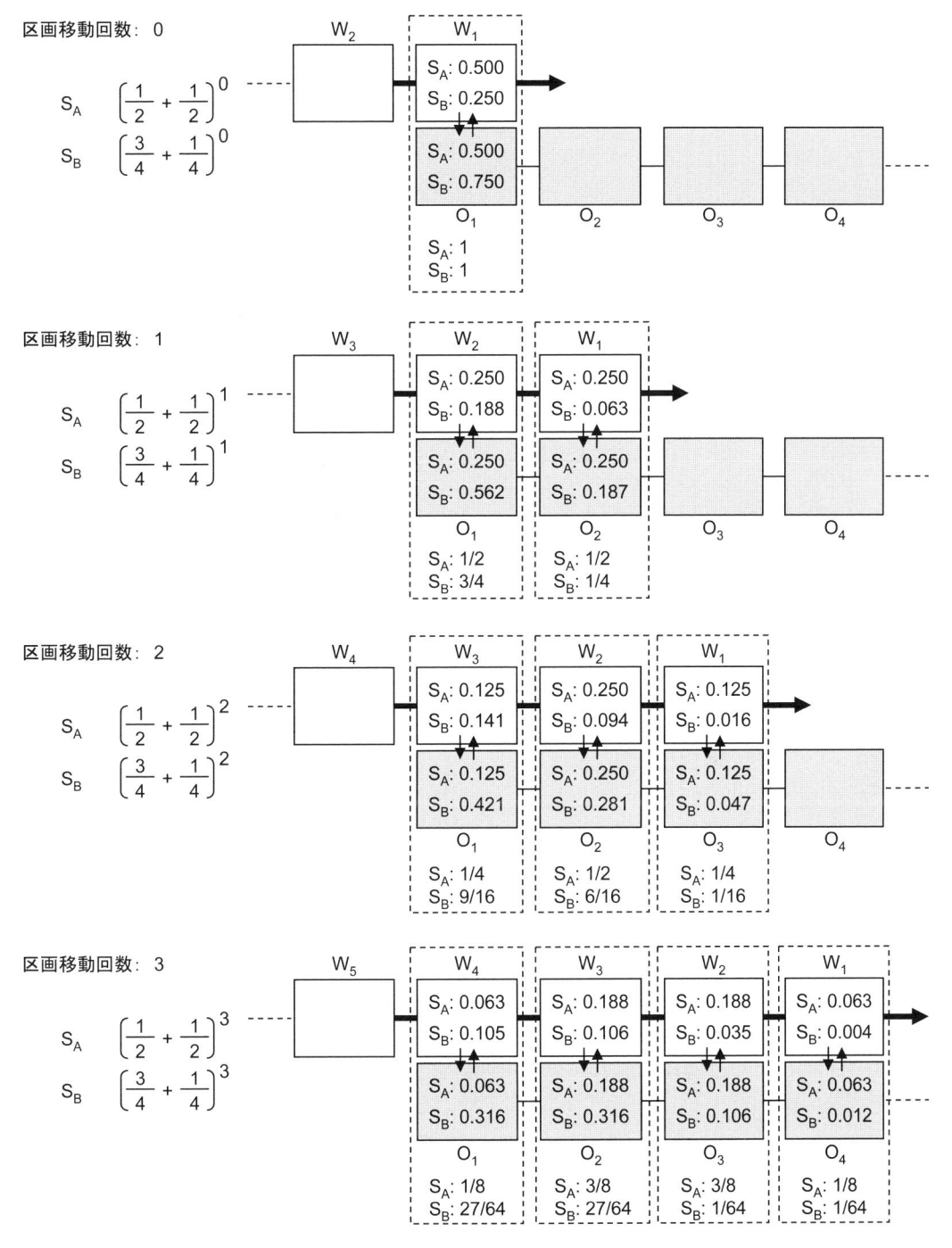

図5.7 2相間分配を利用した多段抽出の模式図

ることになる.

以上，ここでは区画移動回数が0から3まで進んだ場合までを考えた．S_A および S_B が下流に進んでいく割合を比較すると，有機相への分配係数の小さな S_A の方が明らかに速いため，水相において流れ方向の最前区画 W_1 では S_A / S_B

比が高く，最後尾区画の W_4 では逆に S_B/S_A 比が高くなり，S_A および S_B が分離される兆しが現れている．

もう少し定量的に考えると，W_1-O_1 に始まった接触・分配は，区画が1つ移動するごとに S_A，S_B それぞれについて，分配係数 K_D によって決まる比率（S_A であれば 1/2 と 1/2，S_B であれば 3/4 と 1/4）を二項展開した際の各項で表される分率になっていることがわかる（図5.7参照）．

c項までで考えた1回の抽出・分配では完全分離はほぼ不可能であったが，上記のように，この操作を何度も何度も繰り返していくうちにほぼ完全分離に近づいていく．つまり，目的物質と妨害物質の間に分配係数の差があれば，上記の考え方で完全な物質分離が可能となるのである．この考え方は，次節で取り扱うクロマトグラフィーの基本的な考え方であり，きわめて重要である．

5.3 クロマトグラフィー

5.1節では，沈殿生成に基づく分離を扱った．沈殿を生成しにくい物質の分離には5.2節で学習した抽出・分配が有用であるが，完全分離するためには多段抽出が必要である．分離分析の究極の目的は，複数の試料をできるだけ短い時間でそれぞれを分離することにある．この実現に近づくためにはどうすればよいのであろうか．この実現には，図5.8に示すクロマトグラフィーと呼ばれる実験を行えばよい．この分離が達成されれば，分離された物質の光学的性質・電気化学的性質などの情報を取得し検出することができる．通常は，分離される時間によって物質を同定する．最近では検出器に質量分析計[4]を接続して質量スペクトルか

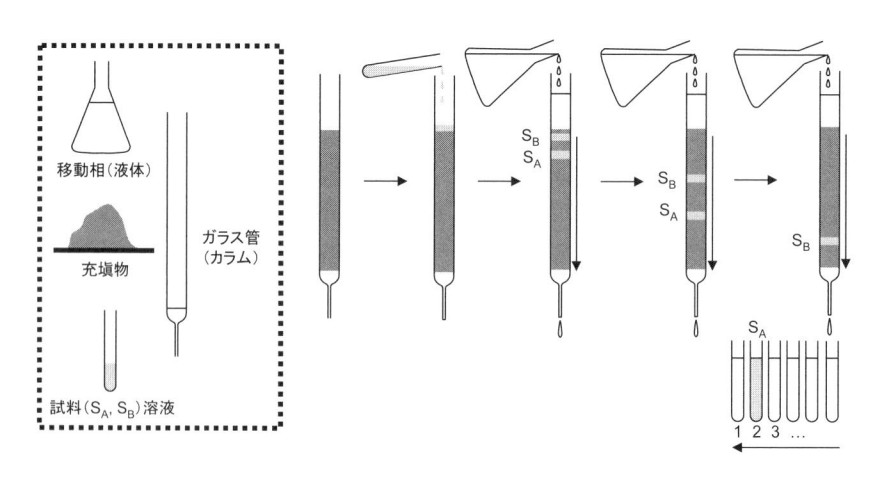

図5.8 クロマトグラフィーにおける基本的な実験

---

[4] 質量分析計： 何らかの方法で原子・分子をイオン化し，電磁気学的方法によりその質量の違いで分離・分析する装置をいう．物質の分子量・官能基の決定などに用いられる．原理の詳細は専門書に譲るが，種々の方法でイオン化させた試料物質を高感度に測定可能であり，分子構造に関する知見を同時に得られるため，近年種々のクロマトグラフィーの検出器に用いられるようになった．

ら直接分離された物質の同定をすることも可能になっている．

図 5.8 では S_A と S_B の 2 種の物質が，充塡物が充塡された管（カラムという）を通過する際，充塡物との相互作用の差によりそれぞれの物質の移動速度に差がつき，カラム出口に出てくる時間が異なる様子が示されている．この速度の差こそが，分離の本質であろう．それではなぜこれらの速度に差がつくのであろうか．これを理解するためには，前項で触れた多段抽出の概念が応用できる．以下，この概念を念頭に置き，クロマトグラフィー分離の理論を学ぶ．

a. クロマトグラフィー分離の理論

(1) 分配の繰り返し―段理論―

図 5.7 に示したモデルでは，水相・有機相を仮想的な区画に区切って溶質の分配を考えた．この区画内溶質分配に基づく物質分離の考え方は段理論と呼ばれ，後述する分離効率などを考える基礎となる理論である．この段とは，図 5.7 でいえば，同じ位置での有機相区画・水相区画の両方を指し，理論段という言葉で表現される．

図 5.7 のモデルでは，有機相が動かないのに対して，水相は動くことができる．そこで下流の水相側の最前区画で，何らかの信号（光信号・電気化学信号など）を検出すれば，S_A，S_B の順に成分が分離されて出てくる様子を観察することができる．この様子を時間軸に対してプロットしたものはクロマトグラムと呼ばれる図であり，これが先ほど触れた速度の差（つまり，それぞれの成分が検出器に到達するまでの時間の差）に基づく分離を表した図となる．図 5.9 に，実際のクロマトグラフィーにおける実験系およびクロマトグラムの模式図を示す．

図 5.7 では動かない有機相というモデルを考えたが，これは図 5.8 でいう充塡物であり，より一般的には固定相と呼ぶ．また，動く水相は移動相と呼ぶ．クロマトグラフィーによる分離を一般的に定義すると，固定相・移動相間の相互作用（物質分配平衡や吸着平衡）および流れ場による分離方法ということになる．

さて，図 5.9 に示したクロマトグラムでは山型のピークが得られているが，そこに含まれている化学的な情報とはどのようなものなのだろうか．次項では，クロマトグラムの中に含まれるさまざまな事象について述べる．

(2) クロマトグラム

前項でも簡単に記述したが，クロマトグラムをもう少し正確に表現すると，カラム内の移動相中に含まれる目的物質量の時間変化を表現したグラフということができる．混合試料中のそれぞれの成分は，試料導入からピーク最大値を迎えるまでの時間が異なるため，移動相・固定相の種類，移動相流速などの条件が一定であれば，その時間によって定性的にその物質であるかどうかを判定することができる．理想系では，この時間は試料導入量に依存せず，一定の値を示し，ピーク面積のみが変化する．

それでは，下記の場合のクロマトグラムを考えてみる．

① 物質がカラム内の固定相と相互作用せず，素通りして通過する場合．
② 物質がカラム内の固定相と相互作用しながら通過する場合．

図5.9 クロマトグラフィー分析のイメージ

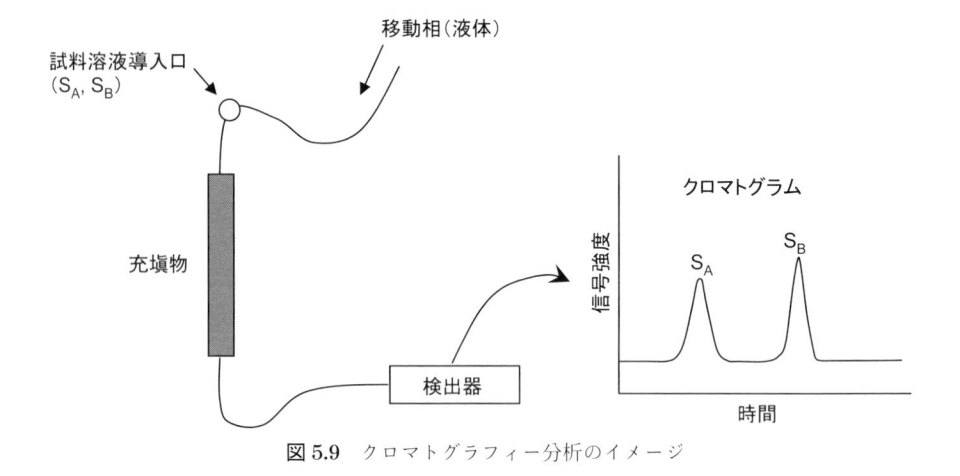

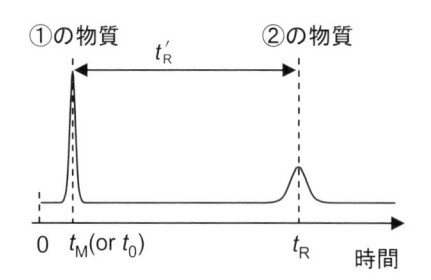

図5.10 典型的なクロマトグラムの模式図

　図5.7では，移動する水相を理論段ごとに区切って考えた．このモデルに①の条件を当てはめた場合，どのようなピークが得られるのだろうか．この場合，最初に導入した水相の区画 W_1 が下流まで移動するだけなのであるから，理論段そのままの形で（つまり四角いパルス状に）クロマトグラムに現れることになる．しかしながら，実際には仮想的な仕切りなど存在しないため，試料の移動方向に対して前方および後方には，物質の分子拡散が起こるであろう．理想系において，その拡散は分子を集団として統計的に取り扱う正規分布と同様の形状になる（後述）．

　それでは，上記②の場合を考える．この場合，図5.7で示した段の一つ一つが上記の分子拡散を伴って検出点に向かって移動することになるので，当然，ピークの幅は①の場合と比較して広がることになる．さらに，この場合は固定相と相互作用しながら通過してくるため，検出点到達までに時間がかかり，上記で説明した前方および後方拡散はより進行し（つまり，拡散時間が長い），ピーク幅はさらに広がることになる．この様子を示したのが図5.10である．この図は，カラムと相互作用しない物質①および，相互作用する物質②の混合溶液を一定体積カラムに導入し，カラム通過後に何らかの検出器で信号を取得した際に得られるクロマトグラムであり，時間 t_M（または t_0）は何ら相互作用のない物質が通過に要した時間でホールドアップ時間と呼び，相互作用のある物質が通過に要した

時間 t_R は保持時間と呼ばれる．

　検出器で得られる信号が物質濃度に対して比例する場合，クロマトグラムのピーク面積はカラムによって分離された成分の量を表すことになり，これがクロマトグラムを使った定量分析の基本条件となる．

　上述のように，クロマトグラフィーでは複数の物質をできるだけ短い時間で多数分離することが究極の目的なので，上記クロマトグラムにおいてはできるだけ幅の狭いピークを短い時間内に得ることが重要となる．図 5.7 では物質分配が起こる仮想的な理論段を考えたが，もしこの理論段がカラムの単位長さあたりに多数あれば，分配・移動を行う数が増加するのであるから，多数の物質が混合していても分離できるピークの数は相対的に増加し，この目的に近づくことができそうである．つまり，複数の物質を分離する際には，カラムの性能として，この理論段の数の多いカラムを用いれば，上記の目的に近づくことができるわけである．上記のように，クロマトグラムのピークは理論的に正規分布形状をしているため，この正規分布の性質から定量的な分離の効率（カラム効率と呼ぶ）を評価できそうである．次項では，この正規分布の性質と図 5.7 で示した段理論モデルをもとに，定量的なカラム効率評価法を解説する．

(3) カラム性能の定量的評価

　まず，正規分布の性質を少しだけ復習する．図 5.11 に規格化した正規分布の性質を図示する．その特徴は下記のとおりである．

- 曲線内の面積は常に 1.0（100％）である．
- 平均値は山型曲線の中心である．
- 縦軸の値は常に正の値となる．
- 形状は左右対称の山型曲線となる．

　詳細は専門書に譲るが，正規分布は式（5.35）で表される関数であり，クロマトグラムでは μ はピーク値の保持時間，σ はピーク値からの標準偏差，σ^2 は分散である．図 5.11 では μ が 0，σ が 1 の場合となっている．

$$y = \frac{1}{\sigma\sqrt{2\pi}}\exp\left[-\frac{(x-\mu)^2}{2\sigma^2}\right] \tag{5.35}$$

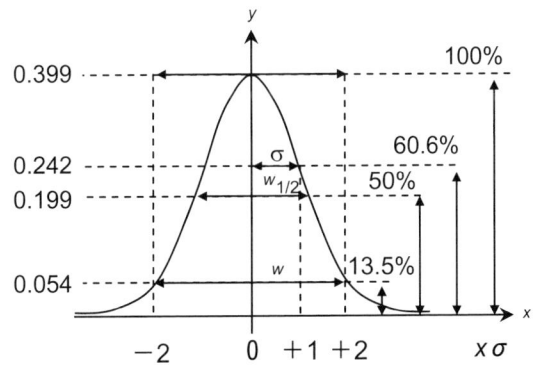

図 5.11 正規分布の性質
$w_{1/2} = 2.35\sigma$, $w = 4\sigma$, $w = 1.7w_{1/2}$.

カラム効率を定量的に評価する場合，ピークの広がり具合い，つまり標準偏差 σ がその効率の指標となる．定性的には σ が小さければ小さいほどピークの幅が狭くなるため，理論段の数が多く，分離のよいカラムということになる．

ここではまず図 5.7 で示した理論段の幅を定義する．カラムの長さを L，理論段の幅を H，理論段の数を N とした場合，それは次式で表される．

$$H = \frac{L}{N} \tag{5.36}$$

H は 1 理論段あたりの高さであり，理論段高と呼ばれる．カラム中を移動する試料の分散 σ^2 は，移動距離つまりカラム長が長くなればなるほど拡散が進行するので増加し，長さ L のカラムを通過する試料の分散 σ_L^2 は，

$$\sigma_L^2 = H \cdot L \tag{5.37}$$

となる．したがって，ある長さ L のカラムを用いた場合の理論段数 N は式 (5.36) を用いると，

$$N = \frac{L^2}{\sigma_L^2} \tag{5.38}$$

と表すことができる．よって，カラム中の分散とカラム長がわかれば理論段数を決定できることになる．

図 5.12 は，長さ L のカラム中を移動する試料の濃度分布と，カラム出口の検出器から得られるクロマトグラムを図示したものである．カラム中濃度分布が正規分布に従っている場合，クロマトグラムで得られるピーク形状も正規分布形状となる．したがって，カラム内試料分散 σ_L^2 は，クロマトグラムのピークの分散 σ^2 と相関があることは容易に理解できる．また，クロマトグラムではカラム長に相当するパラメータとして，保持時間 t_R を得る．そこで，式 (5.38) は下記のように書き替えることができる．

$$N = \frac{t_R^2}{\sigma^2} \tag{5.39}$$

これから，理論段数 N は，実験的に得られるクロマトグラムの保持時間および分散から評価できる．式 (5.39) の分散は，正規分布の理論からピーク高さの 60.6% を示すピーク幅の半値を求めればよい．これらを計算する場合には，t_R および σ を同じ単位（時間，距離，または，移動相流速が一定の場合には溶離体積）によって計算する．

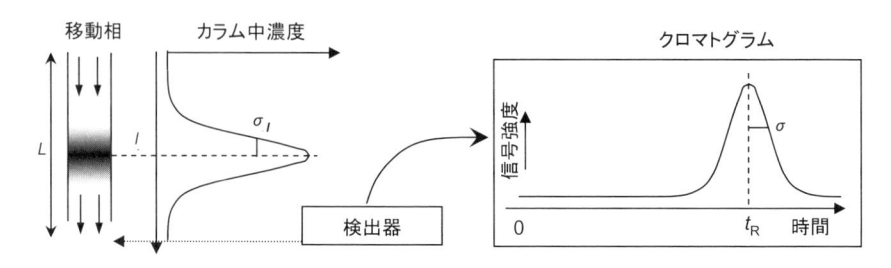

図 5.12 カラム中溶質分布とクロマトグラムの関係

実際に理論段数を計算する場合には,「ピーク高さの 60.6％を計算する」というのは不便である．そこで再び図 5.11 に示した正規分布の性質に着目し，比較的簡便に得られるピークの半値幅 $w_{1/2}$（$= 2.35\sigma$）を用いて，式（5.39）を下記のように書き替えて用いられることが多い．

$$N = 5.54 \frac{t_R^2}{w_{1/2}^2} \tag{5.40}$$

$w = 4\sigma$ を用いて次式のように書き替えることもできるが，そのためには，実験的に得られるピーク形状が正規分布にかなり近いことが必要となる．

$$N = 16 \frac{t_R^2}{w^2} \tag{5.41}$$

同じ化合物の分離に対して，異なるカラムを用いた場合のカラム性能を比較する場合，ホールドアップ時間 t_M（または t_0）を差し引いて補正した補正保持時間 t_R'（$= t_R - t_M$）を用い，下記の有効理論段数 N_{eff} を用いるのが有効である．

$$N_{eff} = \frac{t_R'^2}{\sigma^2} = 5.54 \frac{t_R'^2}{w_{1/2}^2} = 16 \frac{t_R'^2}{w^2} \tag{5.42}$$

これを用いると，上記の理論段高 H に対しても有効理論段高 H_{eff} を定義することができ，式（5.36）は下記のように書き替えることができる．

$$H_{eff} = \frac{L}{N_{eff}} \tag{5.43}$$

以上のことから，正規分布の性質と段理論に着目することによって，実験的に得られるクロマトグラムから，カラム効率を評価することができる．物質の分離自体はカラム中で行われるが，実際にわれわれが測定することができるのはクロマトグラムだけである．したがって，上記のようにカラム中の物質濃度の分布に関する理論とクロマトグラムの関係を明らかにしておくことは，分離化学を理解していく上できわめて重要である．

上記では，ある 1 つの化合物を用いて，カラム自体のもつ分離性能評価を行う一般的な方法について触れたが，複数の物質を分離していく上では，それぞれの物質がどの程度カラムに保持されるのか，それぞれのピークがどの程度分離しているかを定量的に評価する必要がある．上記の理論段数と同様に，クロマトグラムからそれらを定量的に評価する際の考え方について次に述べる．

（4） カラム内溶質保持の定量的評価

カラム内溶質保持挙動を定量化する重要性は，これが熱力学パラメータである分配係数と相関することに起因している．まず，図 5.10 で示した 2 つのピークから考えてみる．物質がカラム入り口に導入されてから出てくるまでに必要な移動相体積は保持体積 V_R と呼ばれ，移動相の体積流速が F で一定とすると，次式で表される．

$$V_R = t_R \cdot F \tag{5.44}$$

また，カラム中移動相体積 V_M は，同様に次式で表される．

$$V_M = t_M \cdot F \tag{5.45}$$

さて，導入された試料は移動相と固定相に分配されるが，その量をそれぞれ m_M，m_S，固定相体積を V_S とすると，保持係数 k は分配係数 K_D とは以下の関係にあることがわかる．

$$k = \frac{m_S}{m_M} = \frac{C_S}{C_M} \cdot \frac{V_S}{V_M} = K_D \frac{V_S}{V_M} \tag{5.46}$$

ここで，固定相と移動相に分配された溶質量の比が，それぞれの相に滞在する時間の比で表されると仮定すると，式（5.46）は次のようになる．

$$\frac{m_S}{m_M} = \frac{t_S}{t_M} = k \tag{5.47}$$

ここで，t_S は固定相での滞在時間に相当するが，これは補正保持時間 t'_R（$= t_R - t_M$）と同等の意味をもつため，式（5.48）が誘導される．

$$k = \frac{t'_R}{t_M} = \frac{t_R - t_M}{t_M} \tag{5.48}$$

この関係式から，式（5.49）を導くことができる．

$$t_R = t_M(1+k) \tag{5.49}$$

ここで，式（5.44）〜（5.46）を用いると，

$$V_R = V_M(1+k) \tag{5.50}$$

$$V_R = V_M + K_D V_S \tag{5.51}$$

となる．したがって，式（5.49）〜（5.51）の関係から，クロマトグラム中の保持時間あるいは移動相体積といった実験データを用いて保持係数 k および分配係数 K_D を決定できる．次に，これらの関係を念頭に置き，2 成分の分離をモデルケースとして，ピーク間分離性能の定量的評価法について述べる．

(5) ピーク間分離性能の定量的評価

図 5.9 のクロマトグラムに示した 2 成分分離を，保持時間を用いてモデル的に改めると図 5.13 のようになる．2 つのピーク間の分離を考える際，溶質の相対的な保持を表す指標として，分離係数 α が用いられる．これは溶質の相対的な保持を表す熱力学的な量であり，式（5.52）で表される．

$$\alpha = \frac{t'_{R(2)}}{t'_{R(1)}} = \frac{k_2}{k_1} = \frac{K_{D(2)}}{K_{D(1)}} \tag{5.52}$$

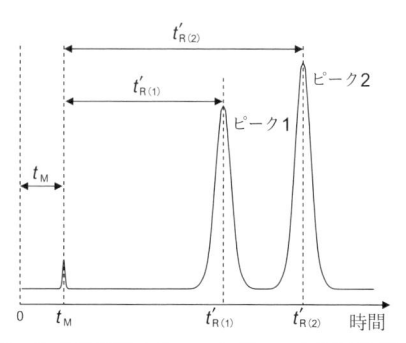

図 5.13 2 成分分離のクロマトグラムと保持時間の関係

ただし，式（5.52）にはクロマトグラム上のピーク幅に関する項が入っていないため，2つのピークが完全に分離するかどうかは，下記の式（5.53）で定義される分離度 R を用いる．

$$R = 2\frac{t_{R(2)} - t_{R(1)}}{w_1 + w_2} \tag{5.53}$$

ここで，w_1 と w_2 はそれぞれ，ピーク1およびピーク2のベースライン上の幅である．

式（5.52），（5.53）の関係を整理すると，次式が得られる．

$$R = \frac{1}{4}\sqrt{N}\left(\frac{\alpha-1}{\alpha}\right)\left(\frac{k_2}{1+k_2}\right) \tag{5.54}$$

理論段数 N はカラム長 L に比例するので，分離度 R はカラム長の平方根に比例することになる．この関係式は，分離度を理論段数 N および保持時間と関係づける式であり，目標とする分離度を達成するために必要な理論段数を計算する上で重要である．

図5.14に分離度 R とピーク重なりの様子を示す．分離度1の場合，ピーク高さの27%が重なってしまうが，1.5では2%程度となる．したがって，分離度 R が1.5以上であれば，ほぼ完全に分離できることがわかる．

(6) クロマトグラフィーにおける速度論─ファンディームターの式─

これまで段理論に基づいて，各段における固定相-移動相間の平衡が完全に達成されることを前提に話を進めてきた．しかしながら，移動相は常時連続的に動いているため，実際には5.2節e項で仮定した「有機相と水相の間の分配平衡は瞬時に達成される」という仮定は完全には成立していない．さらに，溶質のカラム中滞在時間は分子に拡散する時間を与えることになり，それはピーク幅に影響を与える．したがって，カラム中を移動する移動相の流れは，カラムの分離性能に大きな影響を与えることになる．1956年に van Deemter は，移動相に気体，固定相に粒子充塡カラムを用いるガスクロマトグラフィーの研究から，ピークの広がりは複数の異なる原因から生じる効果の総和で表され，理論段高 H と移動相の平均線流速 $\bar{u}$ には式（5.55）で示す関係があることを示した．

$$H = A + \frac{B}{\bar{u}} + C\bar{u} \qquad \left(\bar{u} = \frac{L}{t_M}\right) \tag{5.55}$$

A, B, C は理論段高 H に影響を与える3つの主要な因子に関連づけられている．

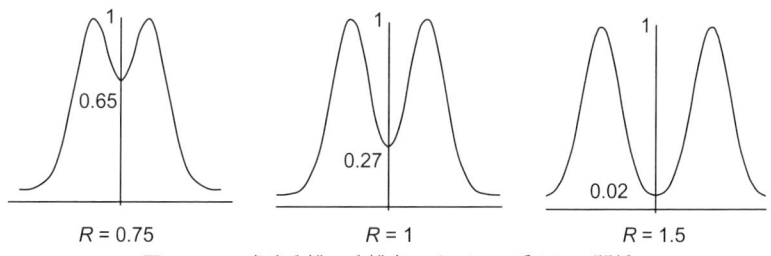

図5.14 2成分分離の分離度 R とピーク重なりの関係

この関係は当初，ガスクロマトグラフィーについて提案されたが，移動相に液体を用いる液体クロマトグラフィーにおいても，各項の寄与が異なるだけで，基本的には成立する．以下，式（5.55）の各項の意味について述べる．

・第1項（渦拡散項）： 微粒子充塡カラム内には長さの異なる多数の流路が存在することを考慮した項である．これは移動相，固定相の流速には全く無関係であり，純粋に粒子の充塡度合いに依存しているため，流速にはよらない．

・第2項（カラム内軸方向の分子拡散項）： カラム内に導入された試料は，濃度勾配に従って，移動相流れ方向および，その逆方向に拡散を起こす．したがって，移動相流量が大きければ拡散が広がる前に検出器に到達できるために，この項の寄与は小さくなり，流量が小さくなればカラム内滞在時間（拡散時間）が長くなるためにこの項の寄与が大きくなる．

・第3項（固定相–移動相間物質移動の遅れに対する抵抗項）： 移動相–固定相間を移動する溶質の物質移動時間が有限であることを考慮した項である．移動相流速がどれだけ遅い場合にも，移動相は移動を続けているため，溶質分配平衡の完全達成からは，ある程度ずれることになる．この効果は，移動相流速が速ければ速いほど顕著に現れてくる．

図5.15に，各項のピーク広がりへの寄与のイメージを示す．上記の議論では，移動相流速が遅ければB項の寄与によってピーク幅が広がってしまい，逆に速くてもC項の寄与によってピーク幅は広がってしまう．つまり，式（5.55）は，ある固定相・移動相・溶質の組み合わせにおいて，最適な流速が存在することを示している．図5.16は各項の段高への寄与の和（$H_A+H_B+H_C$）を平均線流速に対して図示したものである．その最適流速は式（5.55）を$\bar{u}$で微分したときの変曲点であり，$H_{\min}$となる線流速u_{opt}が最も高性能分離が得られる流速となる．

以上，固定相・移動相間の物質分配に基づく分離法であるクロマトグラフィー

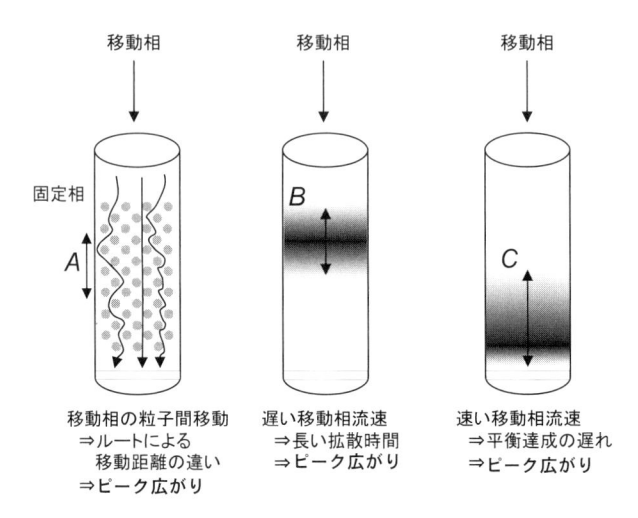

図5.15 ファンディームターの式（5.55）におけるA, B, C各項の寄与のイメージ

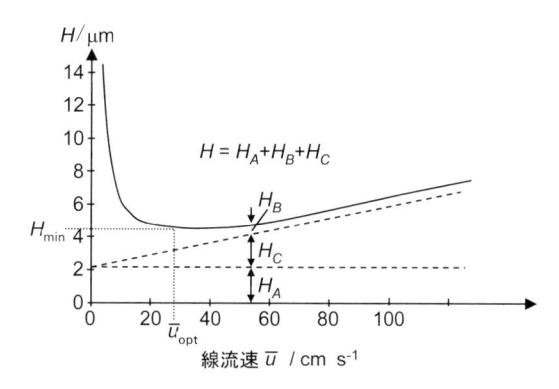

図 5.16　ファンディームターの式の曲線と最適移動相線流速

について，一般論を述べてきた．実際には固定相・移動相・分離したい物質の組み合わせは無限にあり，試料の種類・必要な分離性能によって種々のクロマトグラフィーが考案されている．以下では，代表的なクロマトグラフィーについて述べる．

b. クロマトグラフィーの分類

ここではクロマトグラフィーを移動相の種類に基づいて分類し，概要，特徴，試料・用途，カラム・固定相，検出について述べる．液体クロマトグラフィーは応用範囲が広いため，さらに固定相種に基づいて分類した．

(1) ガスクロマトグラフィー

【概要】

移動相に気体を用いるクロマトグラフィーをガスクロマトグラフィー（gas chromatography：GC）という．装置の基本構成は，移動相気体（キャリヤーガス）の圧力・流量調整器，インジェクター（試料導入装置），カラム，検出器からなる（図 5.17）．その分離性能は主に分析対象試料の蒸気圧および試料の固定相に対する親和性に支配される．試料は液体または気体の状態で導入されるが，インジェクター・カラム・検出器は試料が一定の蒸気圧をもつように加熱されているため，実質的には液体試料も気化した気体として導入される．通常，この温度は測定対象試料中に含まれる最も沸点の高い溶質の沸点よりも数十℃高い温度に保つことで，すべての成分を気化・導入させるようにする．充塡カラムへの

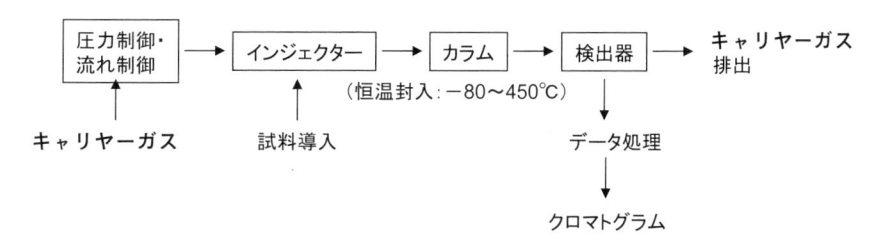

図 5.17　ガスクロマトグラフィーの基本構成

液体試料導入の場合，約 0.1〜10 μL 程度を導入する．ただし，下記のキャピラリーカラムの場合には，カラム容量が小さいため，導入試料の濃度に応じて約 1/20〜1/500 程度をカラムに導入し，残りは排出する導入法を用いる（この導入法をスプリット導入と呼ぶ．充填カラムの場合にはスプリットレス導入を行う）．

【特徴】
・移動相に用いる気体は液体に比べ粘性が小さく，拡散係数が大きいため，一般に後述の高速液体クロマトグラフィー（HPLC）に比べて分離能に優れ，迅速な分析が可能である．
・検出器の種類が多く感度も高いため，試料も少量でよい．

【試料・用途】
・揮発性有機物（非イオン性有機分子）
・揮発性誘導体が調製可能な有機金属化合物
・有機高分子（熱分解法を使う場合）

【カラム・固定相】
固定相としては種々の吸着剤または，使用温度において液状の溶媒（液相）が用いられる（図 5.18）．吸着剤は粒状のものが多く，それを内径 2〜6 mm，長さ数 m 程度の管に充填して用い，液状の固定相はこれを珪藻土などの不活性な多孔質担体粒に含浸したものを上記の管に充填して用いる．これをパックド（充填）カラムと呼び，管材としては硬質ガラスまたはステンレス鋼を用いている．一方，内径 0.5 mm 以下，長さ数十 m の細い管の壁面に直接液相を保持させたものをキャピラリー（毛細管）カラムと呼び，管材にはポリイミドコーティングが施された溶融石英が多く用いられる（図 5.19）．キャピラリーカラムは分

図 5.18 ガスクロマトグラフィーの固定相

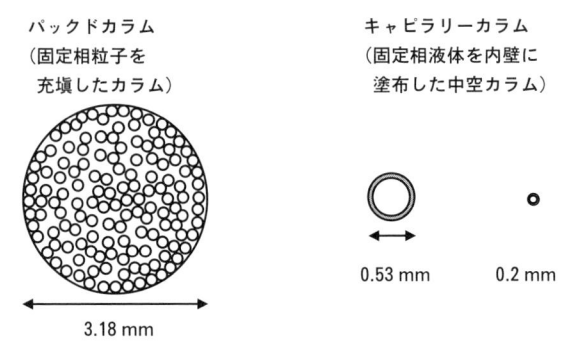

図 5.19 ガスクロマトグラフィー用カラムの種類

離性能が高く，石英を材質とするものは内面が不活性であること，さらに液相を化学的に結合できるなどの利点がある．このため定性，定量分析における精度が向上し，多成分分離や微量成分の分析に多く用いられている．

【検出器】
- 熱伝導度検出器（thermal conductivity detector：TCD）： キャリヤーガスと試料成分との熱伝導度の差を利用するもので，フィラメントに流れる電流の変化を測定する．キャリヤーガス以外の成分の検出が可能である．
- 水素炎イオン化検出器（flame ionization detector：FID）： 水素炎中で有機化合物の炭素がイオン化するのを利用して高感度の有機物検出を行う．
- 電子捕獲検出器（electron capture detector：ECD）： 放射線または放電によりキャリヤーガスをイオン化させ，このとき生成する電子と親電子性物質との親和性を利用する．有機ハロゲン化物などの選択的高感度検出を行う．
- 炎光光度検出器（flame photometry detector：FPD）： 還元性水素炎中で分子内硫黄やリンが炎光するのを利用して，含硫黄，含リン化合物の選択的検出を行う．

(2) 液体クロマトグラフィー

移動相を液体とするものを液体クロマトグラフィー（liquid chromatography：LC）と呼ぶが，さまざまな種類があるため，ここでは4種類のものを述べる．

① 高速液体クロマトグラフィー

【概要】

移動相に液体を用いてカラムの分離性能を向上させて，移動相を高速で送液し，短時間で高分離能が得られるようにしたものを高速液体クロマトグラフィー（high-performance liquid chromatography：HPLC）と呼ぶ（コラム参照）．その装置である高速液体クロマトグラフは，移動相を送液するポンプ，インジェクター，カラム，検出器から構成される（図5.20）．

カラムはカラムオーブンなどに格納され，一定の温度に保たれる．送液ポンプは往復運動型のプランジャーポンプ[5]が最も多く用いられており，安定で定量的

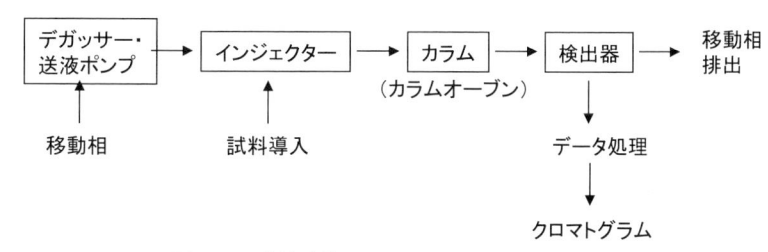

図5.20 高速液体クロマトグラフィーの基本構成

---

5) プランジャーポンプ： プランジャー（ピストンと同様にシリンダー内で流体の圧縮を行う場合に用いられるもので，行程の全長にわたって円筒状をした加圧用部品をいう）がピストン状に移動して高圧を発生し，流体を圧送する往復動ポンプの一つ．吸い込み弁と吐き出し弁の相互作用によって，液を間欠的に排出する．なお，往復動ポンプは弁をもっているのが特徴となっている．

な送液を行うために,プランジャーの駆動法にさまざまな工夫がなされている.通常,0.01〜9.9 mL min^{-1}の送液流量範囲と,400 kg cm^{-2}程度の吐出圧力を有するポンプが使用され,経済性や保守性も重視されている.微少量分析用として1 μL min^{-1}からの極微量が送液可能なポンプや,分取用として10 mL min^{-1}以上の送液が可能なものがある.

通常は数 μL〜数百 μLの試料溶液を,試料導入装置を用いてカラムに導入して分析する.また,試料導入を自動的に行うオートサンプラーも多用されている.多成分を短時間で分離するためには,分析中に移動相組成を変化させることができるグラジエント溶離[6]装置があり,組成の変化をコンピュータで制御できる装置も市販されている.

【特徴】
・ガスクロマトグラフィーでは分離が困難な,難揮発性の化合物,熱的に不安定な化合物が測定できる.
・定量性に優れており,また,分離した化合物を容易に分取できる.

【試料・用途】
・イオン性化合物
・熱的に不安定な天然物
・種々の高分子化合物

【HPLC用カラム・固定相】

HPLCで用いられるカラム[7]は通常,内径1〜12 mm,長さ5〜30 cmのステンレススチール管で,直径3〜10 μmの微小な充填剤(固定相)が緻密に充填されている.また,内径1 mm未満のミクロカラムや12〜50 mmのセミ分取カラムが使用されることもある.管の材質として,ステンレスのほかにガラスやプラスチックなども用いられる.固定相としてはシリカゲルが多用されており,極性の高いシリカゲルを固定相,低極性の有機溶媒を移動相とする液体クロマトグラフィーを順相クロマトグラフィー,逆に,シリカゲル表面を疎水性のアルキル基で修飾した低極性固定相と,水を含む有機溶媒などの高極性移動相を用いるクロマトグラフィーを逆相クロマトグラフィーと呼ぶ.前者は主に有機合成などの分取を目的とし,後者は分析目的が多い.また,溶質と固定相の相互作用として,固定相内に溶質が分配する場合を分配クロマトグラフィー,固定相表面のみと相互作用する場合を吸着クロマトグラフィーと呼ぶこともある(図5.21).分析用HPLCの充填剤として最も汎用的なのは,上記の逆相クロマトグラフィーに分

---

[6] グラジエント溶離: 2種以上の溶媒を混合して組成を変化させながら溶質を溶離させる方法.これに対し,組成を変化させずに溶出する方法をアイソクラティック溶離と呼ぶ.

[7] HPLC用カラム: HPLC用カラムとしては,ここで紹介する粒子充填カラムのほかに,「モノリスカラム」と呼ばれるカラムが近年注目されている.これは粒子充填カラムの粒子間空隙に当たるスルーポアと,充填剤細孔に当たるメソポアの2重ポアより構成された次世代HPLC用カラムであり,モノマー(単量体)の重合によってカラムとなる構造体を合成するため,カラム自体が一枚岩(モノリス)状になっているためにこう呼ばれる.従来の粒子充填カラムと異なり,カラム全体の空隙率が85%以上を占めているため,移動相流速を上げても圧力が上がらず,高性能な分離が達成できる.

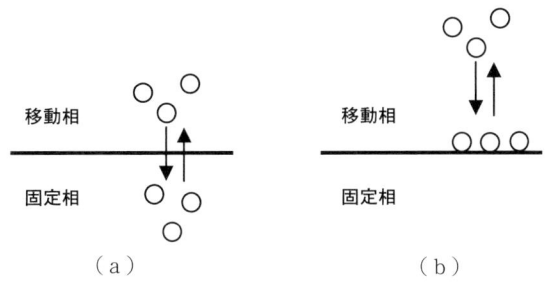

図 5.21 （a）分配クロマトグラフィーと（b）吸着クロマトグラフィー

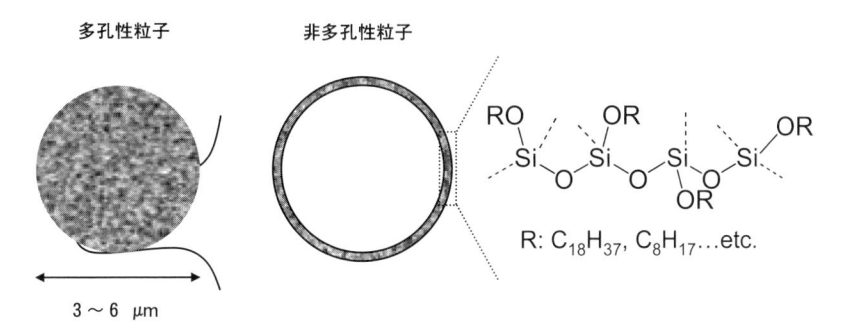

図 5.22 高速液体クロマトグラフィーの固定相

類される低極性固定相である．これは多孔性あるいは非多孔性シリカ粒子表面にオクタデシル基あるいはオクチル基を修飾した粒子であり，前者は特にオクタデシルシリカ（ODS）とも呼ばれている（図 5.22）．

【検出器】

・紫外・可視吸光光度検出器（UV/Vis detector：UV）： 分離した物質の紫外・可視吸収を利用した検出器であり，HPLC の検出器として最もよく使用される．通常，8〜10 μL 程度のフローセルが装着されている．

・示差屈折計検出器（refractive index detector：RI）： 試料成分を含む移動相と，対照となる溶液（通常は溶質を含まない移動相）との屈折率差を測定する検出器である．一般に感度は低いが，紫外・可視吸収をもたない物質も検出できるという利点がある．

・蛍光検出器（fluorescence detector）： 分離対象物質が蛍光物質であった場合，光励起しその分子からの蛍光を高感度に検出できる検出器である．一般に，試料が蛍光性を示すことは少ないため，通常は試料分子に蛍光分子をラベル化するなどの前処理をしてから分離・検出することが多い．

②イオンクロマトグラフィー

【概要】

イオンクロマトグラフィー（ion chromatography：IC）は，イオン類，特に微量無機陰イオン類やアルカリ金属，アルカリ土類金属，アンモニウムイオン（NH_4^+）などの分析にきわめて有効な液体クロマトグラフィーであり，イオン交換を分離の原理としている．装置構成は HPLC と同様であるが，目的イオン検

出時に移動相を構成するイオンが妨害となるために，サプレッサー（後述）が用いられる．

【特徴】
- 迅速かつ高感度の測定ができる．
- 少量の試料で複数のイオンを同時に測定できる．
- 共存物質の干渉が少なく，前処理も簡単である．
- 濃縮測定が簡単に応用できる．
- 自動化が容易である．

【試料・用途】
- 河川水，雨水，湖沼水などの環境水
- 発電用冷却水，半導体製造用水，メッキ液などのプラント維持管理
- 電子材料，輸液などの製品管理

【カラム・固定相】
イオンクロマトグラフィーでは移動相には希薄な電解質溶液を用い，分離カラムには低交換容量[8]（0.01〜0.1 meq g^{-1}）のイオン交換樹脂（粒子径：5〜10 μm）を充塡したものを用いる（図5.23）．試料溶液は通常のHPLCと同様にインジェクターから注入され，分離カラムにてイオン交換選択係数（選択係数）[9]

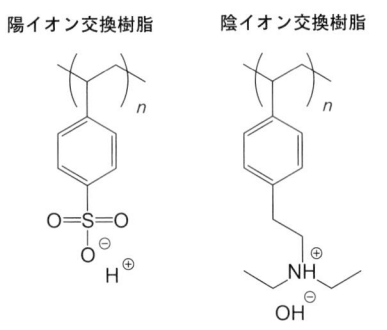

図5.23 イオンクロマトグラフィーの固定相

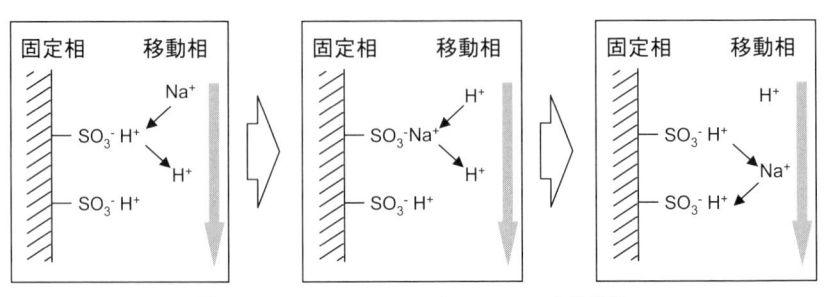

図5.24 イオンクロマトグラフィーの分離機構

---

[8] イオン交換容量： 単位重量あたりのイオン交換樹脂に固定された官能基の量を meq g^{-1}（meq：ミリグラム当量）で表したもの．
[9] イオン交換選択係数： イオン交換樹脂中のイオンと，溶液中のイオンとの交換平衡定数．たとえば，陽イオン A$^+$ を対イオンとする陽イオン交換樹脂 R$^-$A$^+$ が溶液中の陽イオン B$^+$ と交換する場合，$K_A^B = [R^-B^+][A^+]_w / ([R^-A^+][B^+]_w)$（添字のwは水相を指す）のことをいう．

の差により分離される（図5.24）．

【検出器】

イオンクロマトグラフィーでは，移動相にイオンが含まれるため，電気伝導度検出器（electrical conductivity detector）が汎用性，高感度，高速応答性，広い直線性などの点で有効であり，幅広く用いられている．

溶離液に電解質溶液，検出器に電気伝導度検出器を使用した場合，溶離液自体の電気伝導率が大きいため，測定対象イオンによる電気伝導率の微小変化を信号として検出することがきわめて困難となる場合が多い．そこで，通常は下記の方法のいずれかの方法により，高感度で安定な測定を可能にしている．

・ノンサプレスト式（ノンサプレッサー式）： 低電気伝導率の溶離液（有機酸系緩衝液など）を用いる．

・サプレスト式（サプレッサー式）： 溶離液の電気伝導率を引き下げるバックグラウンド減少装置（サプレッサー）を用いる．

ノンサプレスト式の場合は，直接目的イオンを測定することになるため，溶離液イオンと目的イオンの電気伝導率の差に応じた信号を測定する．このため，両者間の差が大きい溶離液を選択する．サプレスト式では，分離後に溶離液をイオン交換し，バックグラウンドを低下させる．たとえば，陰イオンの測定においては，$Na_2CO_3/NaHCO_3$ や NaOH などの希薄な電解質溶液を用いるが，これ自体の電気伝導率が高いために高感度測定は困難である．そこで，分離カラムを通過後，サプレッサーでイオン交換し，Na^+ を H^+ に変換し溶離液自体を低電気伝導率の H_2CO_3，H_2O などに変換させる．その結果，バックグラウンドの電気伝導率は低くなり，S/B（試料信号/バックグラウンド信号）比は改善される．

イオンクロマトグラフィーにおける検出下限濃度は，数 ppb ～数十 ppb である．検出器では，電気伝導度検出器のみではなく，測定試料によっては吸光光度検出器や電気化学検出器を用いる方が有効な場合もある．

③サイズ排除クロマトグラフィー

【概要】

移動相に溶解した試料をカラムに導入し，分子サイズの大きいものから溶出して，分離・定量する手法をサイズ排除クロマトグラフィー（size exclusion chromatography：SEC）といい，主に高分子物質の分子量，分子量分布の測定，オリゴマーの分離に用いられる（図5.25）．他の HPLC と決定的に異なる点は，試料分子と充塡剤との間には化学的相互作用を考えないことである．SEC は，移動相・固定相の組み合わせによって呼称が異なり，移動相に有機溶媒・固定相にポリスチレン粒子などを用いるものをゲル浸透クロマトグラフィーと呼び，主に有機高分子の分離に用いられる．また，移動相に水，固定相に親水性ゲルを用いるものはゲル沪過クロマトグラフィーと呼ばれ，主にタンパク質などの生体高分子分離に用いられる．

ポンプはプランジャー型が最も多く用いられており，流量精度の高いものが必要である．インジェクターはループ方式が一般的であり，ループは 20～500 μL

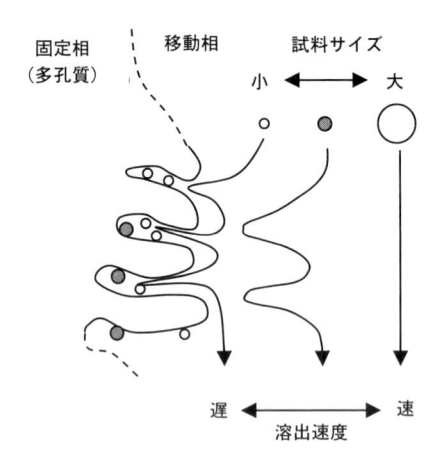

図 5.25　サイズ排除クロマトグラフィーの分離機構

の固定ループが用いられる．他のクロマトグラフィー同様に，自動試料導入装置（オートサンプラー）を使用すれば多くの試料を連続で注入する際に非常に有効である．

　ポンプ，インジェクター，カラム，検出器が一体となった SEC 専用装置は操作性がよく，安定性も高いため，再現性よく精度の高い測定が可能である．また，RI のほかに光散乱検出器や粘度検出器を接続して高分子物質の絶対分子量の測定も行われている．

　各種平均分子量および分子量分布の計算では，分子量既知の標準試料を測定して検量線を作成し，未知試料のクロマトグラムから標準試料に対する相対分子量および分子量分布を求める．

【特徴】
・高分子物質の各種平均分子量（重量平均分子量，数平均分子量，Z 平均分子量など）および分子量分布が同時に測定できる．
・測定可能な分子量範囲が広い（数百～数千万）．
・測定条件がある程度限定されるため自動化が容易である．

【試料・用途】
・合成高分子および天然高分子の分子量，分子量分布測定
・オリゴマーの分離

【カラム・固定相】
　カラムは，それぞれポアサイズ（孔径）の異なるゲルが充塡されたものを複数本連結して用いる場合が多い．ゲルはポリマー系とシリカ系に大別され，対象物質および溶媒により選択する必要がある．

【検出器】
　UV や RI，光散乱検出器が有用である．

④ 薄層クロマトグラフィー

【概要】

　薄層クロマトグラフィー（thin layer chromatography：TLC）とは，ガラスなどの基板上に，微粒子状の吸着剤を均一な厚さに塗布した薄層プレートを固定相として用い，移動相である各種溶媒の毛細管現象による浸透を利用して，試料中の各成分を展開分離する方法である．非常に簡便・迅速な方法であるため，有機合成の反応追跡では欠かせない定性分析用ツールとなっている．

　試料は，薄層プレート上にマイクロシリンジや定容量のキャピラリーなどを用いて滴下し，乾燥させた後，展開槽内で，一端から移動相である溶媒を浸透させて展開する．展開が終わると，分離された試料はスポット状になってプレート上に現れる．1種類の展開条件では分離が不十分な場合，異なった展開溶媒を用いて直角方向に展開操作を行う2次元展開が利用されることもある．展開後，溶媒を十分に乾燥させた後，各スポット移動距離と溶媒の移動距離の比率である R_f 値を測定して定性を行う（図5.26）．

【特徴】

　・複数の試料を同一の薄層板上に展開できるため，同一条件で展開された標準物質との比較が簡単にできる．

　・多検体を短時間に測定できる．

　・薄層板が安価であり，その取り扱いも容易である．

【試料・用途】

　・医薬品，農薬，食品，生体試料，プラスチック，色素，無機化合物などのさまざまな試料に含まれる成分の測定

　・有機合成での反応経過確認

　・微量成分の分取

【カラム・固定相】

　吸着剤としては，シリカゲル，アルミナ，セルロースなどが主として用いられるが，分離を改善するために別の吸着剤を混ぜた混合吸着剤が用いられることもある．展開溶媒としては，水，酸性や塩基性の水溶液，有機溶媒などが用いられているが，通常はそれらを混合して使用している．これらの吸着剤と溶媒の組み

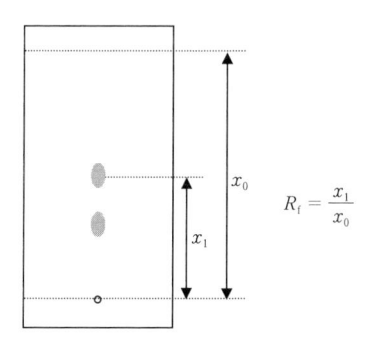

$$R_f = \frac{x_1}{x_0}$$

図5.26　薄層クロマトグラフィーにおける R_f 値

合わせによって，試料中の種々の成分の分離が実現される．

【検出】

・呈色試薬の噴霧・吸着： スポットが目で確認できない場合には，そのスポット成分に反応する呈色試薬を噴霧して発色させたり，常温で昇華するヨウ素（I_2）を吸着させて色のついたスポットを確認することができる．

・紫外線吸収： スポット成分が蛍光を発する場合，水銀ランプなどの光を照射することでスポットの位置を確認できる．紫外線を吸収する成分の場合は蛍光剤入りの薄層プレートを用いれば，紫外線を照射することにより暗いスポットとして確認できる．

COLUMN

"HPLC" とは

HPLC (high-performance liquid chromatography) という言葉は，和訳すると「高性能液体クロマトグラフィー」である．言葉だけからの意味を読み取ろうとすれば，「高性能な液体クロマトグラフィー」なのであるから，移動相に液体を用いていればイオンクロマトグラフィーやサイズ排除クロマトグラフィーなども "HPLC" になりそうである．しかしながら実際は，「ODS カラムを固定相として用いる逆相クロマトグラフィー」を HPLC と呼ぶことが多い．なぜだろう？ これには歴史的ないきさつがある．当初，移動相の流速を上げて分離性能を向上させるために，「移動相である液体に高圧 (high pressure) をかける液体クロマトグラフィー」に対して HPLC の名前がつけられていたが，1970 年代以降の精力的な研究により，圧力の向上のみならず，粒子の微細化も達成されてさらに性能が上がり，名前もしだいに高圧 (high pressure) から高性能 (high performance) に変化してきた．現在は汎用的な逆相 HPLC を単に HPLC と呼ぶことが多くなったが，この呼び方は，イオンクロマトグラフィーやサイズ排除クロマトグラフィーを「特殊な HPLC」と位置づけていることを示す一方で，「ODS カラムを固定相として用いる逆相液体クロマトグラフィー」がいかに汎用性高く，広く用いられているかを象徴するものなのかもしれない．

練習問題

5.1 硫酸銀（$Ag_2SO_4 = 311.9$）の飽和溶液 100 mL 中に硫酸銀が 0.79 g 溶解している場合，硫酸銀の溶解度 S および溶解度積 K_{sp, Ag_2SO_4} を計算せよ．

5.2 Ca^{2+} (1.0×10^{-2} M) と Ba^{2+} (1.0×10^{-3} M) を含む溶液に SO_4^{2-} を少量ずつ添加した際に，Ba^{2+} だけを定量的に沈殿させる SO_4^{2-} 濃度（M）の範囲を計算せよ．$K_{sp, BaSO_4} = 1.1 \times 10^{-10}$，$K_{sp, CaSO_4} = 2.3 \times 10^{-5}$ とし，体積変化はないものとする．

5.3 ある有機溶媒を用いた場合，化合物 A の分配比は 3.50 であった．化合物 A の水溶液 75 mL を，100 mL の有機溶媒で 1 回抽出した場合，および 20 mL で 5 回抽出する場合，それぞれで抽出される化合物 A の％抽出率 E（％）を計算せよ．

5.4 水相で酸解離定数 K_a をもつ弱酸 HA が有機溶媒と水の間に分配される場合を考える．有機相に抽出される化学種は未解離（非イオン性）の HA のみであり，その分配係数を K_D とするとき，その水相の水素イオン濃度 $[H^+]$ と分配比 D の関係を示す式を導け．

5.5 ある混合物を高速液体クロマトグラフィー（HPLC）で分離した際，2 成分の保持時間が 7.8 分と 8.4 分，カラムを素通りする成分の保持時間が 1.2 分であった．この 2 成分を分離度 $R = 1.5$ でほぼ完全分離するために必要なカラムの理論段数を計算せよ．また，理論段高 H が 0.02 mm であればカラム長さはいくら必要であるか．

5.6 3種類の成分 A, B, C を含む試料 1 mg をクロマトグラフィーで分離分析した結果, A, B, C のピーク面積はそれぞれ 5.35×10^3, 1.56×10^4, 1.23×10^4 (任意単位) であった. A, B, C の感度がそれぞれ 100, 115, 130 (任意単位)/μg である場合, 試料中の各成分の割合はいくらになるか計算せよ.

6. 生化学分析

　本章では，生体由来物質の検出と分離について述べる．生体由来物質において生命活動に重要な分子は，デオキシリボ核酸（deoxyribonucleic acid：DNA）やタンパク質といった高分子である．したがって高分子の分析法を理解することがきわめて重要であり，その中でも生体高分子に特有の分離について述べる．

　DNA もタンパク質も，それらを構成する単量体（モノマー）のもつ多様な官能基のために，同じ分子量であっても配列が変わるだけで，一つ一つ異なった興味深い分子間相互作用を示し，中には特異的に分子と結合する性質をもつものがある．タンパク質のもつ特異性のおかげで，夾雑物[1]がある中でも分析対象物のみを定量分析することができる．

　まず，生体高分子である DNA やタンパク質の分離分析に最もよく使われている電気泳動について説明する．次に，高選択的に分子と相互作用する機能性タンパク質（酵素や抗体）を巧みに利用した分析法を例として，分析化学における機能性タンパク質の果たす役割，つまり分子認識[2]の活用について解説する．

6.1 DNA やタンパク質分析のための電気泳動

a. ゲル電気泳動

　高分子である DNA や タンパク質が生命活動にとって非常に重要な分子であることが見出されたのは，1833 年に Payen と Persoz による酵素（触媒として働くタンパク質）の発見（「酵素」（enzyme）という命名は Kühne による，1878年）と，1928 年に Griffith が DNA は遺伝子として働くことを示したのが最初である．次に，酵素や遺伝子である DNA がどの程度の分子量で，単量体はどのように配列しているかを精確に分析する手法の需要が高まった．また最近では，DNA 鑑定に代表されるように，DNA やタンパク質を迅速に分離して高感度で検出する手法が望まれている．

　そのための代表的な分離法が電気泳動である．イオン性の物質を含む水溶液に直流電場を印加するとき，その物質は電場から力を受ける．この力とまわりの媒

1）夾雑物： 分析試料の中に混合している，分析対象物質ではない余計な物質のこと．たとえば，血糖値の指標である血中のグルコース濃度を測定する際，グルコース以外の成分，つまり，血液の大半を占める血球成分である赤血球，白血球，血小板のほか，血清アルブミンやホスファターゼなどのタンパク質，尿素，アミノ酸，多糖，乳酸，コレステロール，リン脂質，脂肪酸，ナトリウムイオン，カリウムイオン，塩化物イオンといった成分すべてが夾雑物となる．
2）分子認識： 分子が特定の相手分子またはイオンと多点で分子間相互作用して選択的に結合し，高い結合定数で会合体をつくる場合，その分子は分子認識するという．

体から受ける粘性抵抗の力がつり合ったときに，イオン性の物質は速度一定で移動する．これを電気泳動といい，そのときの移動速度 v は電場 E に比例し，その比例係数 μ を電気泳動移動度と呼ぶ．

$$v = \mu E \tag{6.1}$$

したがって，異なる固有の電気泳動移動度をもつイオン性の物質は電場印加のもとで分離される．DNA やタンパク質も分子構造（図 6.1）をみれば，イオン性の高分子であることがわかる．DNA は主鎖のリン酸イオン，タンパク質は側鎖のアミノ酸残基が電荷を帯びている．

現在，DNA やタンパク質の電気泳動に最も頻繁に用いられている媒体はゲルである．ゲルとは，高分子鎖が溶媒を取り込みつつ複雑に絡み合った構造体である．水を溶媒として取り込み，それ自体は電荷を帯びにくいアガロース（寒天）やポリアクリルアミドがゲルとして使用されている．数十 cm 四方，厚みが 1 mm 程度の板状のゲルが通常利用される．分離の原理は，ゲルを構成する高分子の網目の粗さが分子レベルのふるいのように働くこと（分子ふるい効果）を利用している．DNA やタンパク質がその細孔をすり抜けていく過程で，分子量が大きいほど分子の実効的な長さが大きくなり，その分だけゲルの網目から受ける抵抗が大きくなるため，移動速度は遅くなる（図 6.2）．

一般に，濃度の高いゲルの方が，網目が多くなり，泳動する DNA やタンパク質に与える抵抗が大きくなるため，分子量が小さい分子の分離に適している．ポリアクリルアミドゲルは，アガロースゲルよりも網目が細かい[3]ため，小分子量（DNA でいえば 20～1 000 bp[4]）のものを分離するのに用いられる．高分子量

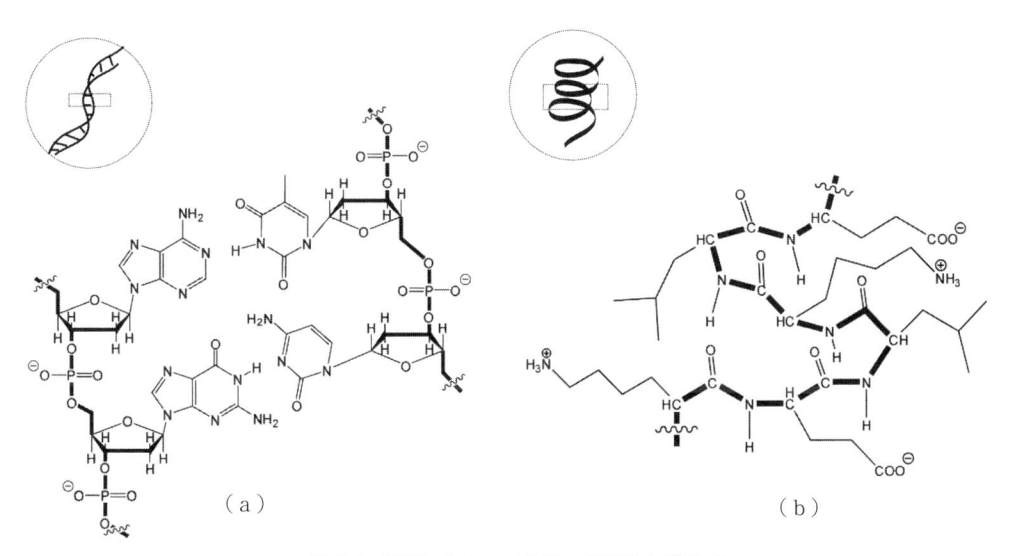

図 6.1 DNA とタンパク質の典型的な構造式
(a) DNA の二重らせん構造，(b) タンパク質の α-ヘリックス構造．

---

3) アガロースゲルとポリアクリルアミドゲル：アガロースは鎖状の多糖である一方で，ポリアクリルアミドは重合時に架橋剤が加えられて高分子鎖が架橋されたメッシュ状であるため，ゲルの網目の抵抗が大きくなる．

(DNAでいえば数千 bp）のDNAを分離するにはアガロースゲルが利用されている．また，ゲルを満たす緩衝液や添加剤によって，DNAやタンパク質の電荷状態や立体構造が変化することを利用する手法もある．特にタンパク質は，アミノ酸残基によって電荷状態や立体構造が異なるため，そのままゲル電気泳動で分離しようとしても，分子量による分子ふるい効果は期待できない．そこで，ドデシル硫酸ナトリウムなどの陰イオン性界面活性剤をタンパク質に添加し吸着させる．それにより立体構造が変形し，陰イオン性を帯びた鎖状高分子に変化し（変性という），ゲル電気泳動で分子量の違いによる分離ができる．

検出は，分離されたDNAやタンパク質を蛍光色素で染色した後に，可視光や紫外光を照射し，蛍光を発する位置を読み取る．DNAやタンパク質をあらかじめ放射性同位元素で標識してX線フィルムに感光させる手法（オートラジオグラフィーと呼ばれる）では，検出限界を向上させることができる．分子量が既知である標準DNAやタンパク質を同じゲルで同時に泳動して移動距離を測定し，未知の分子の移動距離との比較により分子量を求める（検量線法の一種）．

一方，ゲル電気泳動は分離に数時間が必要という問題点がある．特に，病気の遺伝子診断などは，サンプリング数が膨大であるため，一つ一つの分離分析に時間をかけてはいられない．そこで，迅速な分離を達成するために，キャピラリー（毛細管）を用いた新たな電気泳動が開発されている．

b. キャピラリーゾーン電気泳動とキャピラリーゲル電気泳動

迅速な分離を達成するには，式（6.1）で示したように電気泳動速度が電気泳動移動度と印加する電場との積であることを考えれば，強い電場を印加すればよい．しかし，通常のゲル電気泳動のゲルには数 V cm^{-1}しか印加できない．それは，ゲルに強電場をかけると，ゲルそのものが発熱し，網目構造が崩れるためである．そこで，キャピラリーを用いることで，放熱効率を上昇させ，発熱による

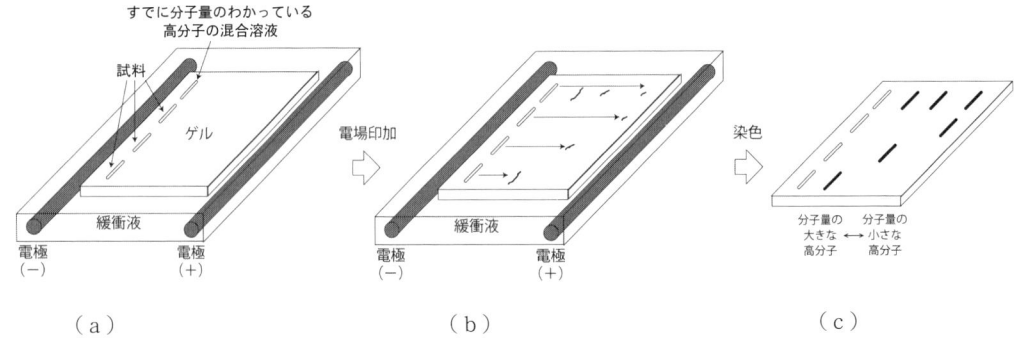

図 6.2 （a）ゲル電気泳動装置と（b）電場を印加したときの泳動の様子，（c）染色後のDNAゲル電気泳動パターンの模式図

4）bp： base pair（塩基対）の略．DNAを構成する単量体は，DNAが二重らせんを組んでいるときに，水素結合により核酸塩基部位が対になっている．1塩基対（1 bp）は分子量の平均値で616に相当すると考えてよいが，化学修飾されたDNAなどもゲル電気泳動で分離するため，その限りではない．

ゲルの劣化を抑制することが考案された．

実際には，図 6.3 のように，高純度シリカを素材とした内径数 μm〜数百 μm であるキャピラリー内に緩衝液を満たす．この両端に直流電場を印加すると，電気浸透流と呼ばれる電気泳動速度よりも速度が大きな流れが生じる．電気浸透流は以下のような原理で生じる．シリカでできているキャピラリー内壁にはシラノール基（Si–OH）があり，緩衝液に満たされていれば，H^+ が解離して陰イオンとなる（Si–O$^-$）．そのため，キャピラリー内壁の表面が負に帯電することになり，緩衝溶液中の陽イオンがこの近傍に集まった構造をもつ電気二重層ができる．直流電場がキャピラリーの両端に印加されると，内壁近傍の陽イオンが陰極（カソード）方向に移動するため，緩衝液全体が陰極方向へと移動させられる（これを電気浸透流と呼ぶ）．キャピラリー中のすべてのイオン性の物質は，電気泳動の影響を受けつつ緩衝液全体の電気浸透流に乗って，電気浸透流速度と電気泳動速度との合成速度で移動することで分離ができる．これをキャピラリーゾーン電気泳動という．低分子量のイオン性の物質，たとえば医薬品，生理活性物質などの分離に用いられている．

キャピラリーゲル電気泳動は，キャピラリー中に前述のアガロースやポリアクリルアミド，もしくは低粘性の中性高分子溶液を充填して DNA やタンパク質の電気泳動を行う電気泳動法である．この際，キャピラリーの内壁は中性の高分子が吸着されることで，陽イオンが内壁表面に集まりにくくなるため，電気浸透流の発生は抑えられる．一方でその高い放熱効果により，直流電場を数千 V cm^{-1} まで印加することができ，DNA やタンパク質のゲル電気泳動では分離に数時間

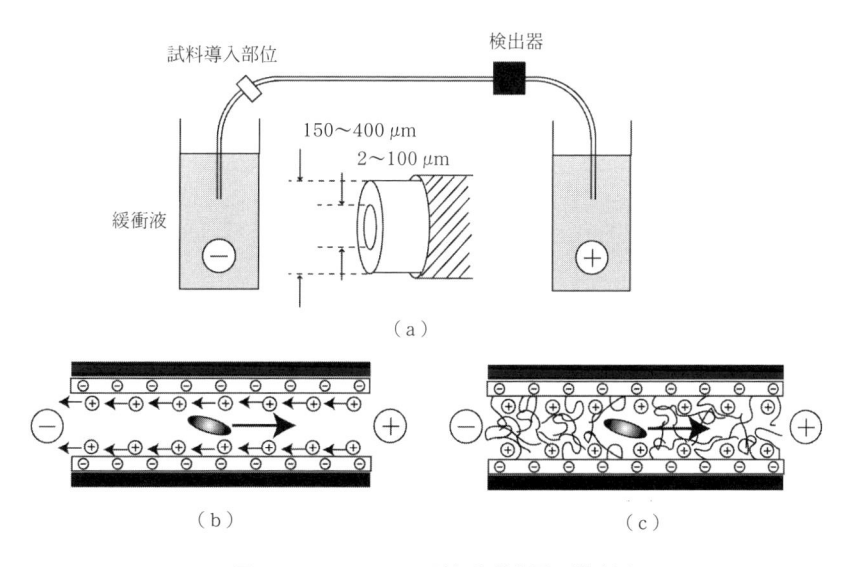

図 6.3 キャピラリー電気泳動装置の模式図
(a) キャピラリーを用いた電気泳動装置．挿入図はキャピラリーの外観．(b) キャピラリーゾーン電気泳動の分離原理．キャピラリー内壁近傍の陽イオンが移動することで電気浸透流が生じる．(c) キャピラリーゲル電気泳動の分離原理．電気浸透流が抑えられ分子ふるい効果によって対象物質が分離される．

要していたが，数十分に短縮できるようになった．検出には，紫外線をキャピラリーに直接照射して，吸光度の変化を記録することが多い．

キャピラリーゲル電気泳動は分離の時間を短縮するだけでなく，キャピラリー内径が数百 μm と小さいため，試料量が数 nL 程度で済むというメリットがある．さらに，ゲノム解析やタンパク質分析では，細胞1個もしくは細胞集団というさらに少量の生体試料から得られる極微量（数 pL）の試料を高感度に分離分析する手法の開発が望まれている．そこで，マイクロ化学チップを用いた電気泳動が注目されている．

マイクロ化学チップとは，石英やガラス，もしくはポリジメチルシロキサンなどのプラスチックを材料とし，数十 μm の溝（流路）を作製した数 cm 角の平板である．この溝に前述のゲルや高分子溶液を流し，試料を導入して両端に電場をかける．マイクロ化学チップの最大の特徴は，溝の回路として合流や分岐を組み込むことができる点である（図 6.4）．これによって，高感度分析に必要な前処理や濃縮（後述），検出のための染色プロセスを同一チップ内に集積する（micro-total analysis systems：μTAS）ことが可能となり，測定試量の極微量分析，多検体同時分析，それぞれの試薬の節約，さらなる高速化といった点が期待されている．

6.2 酵素を利用した分析法

a. 酵素の基質特異性と反応特異性

酵素は一般に生体内反応の触媒となり，このときの反応物を基質と呼ぶ．工業用や有機実験用の触媒に比べて酵素の際立った特徴は，どのような化合物を基質とするかという基質特異性と，どのような化合物を生成するかという反応特異性，そしてきわめて高い反応効率といった点である．つまり，酵素はほかに混在する

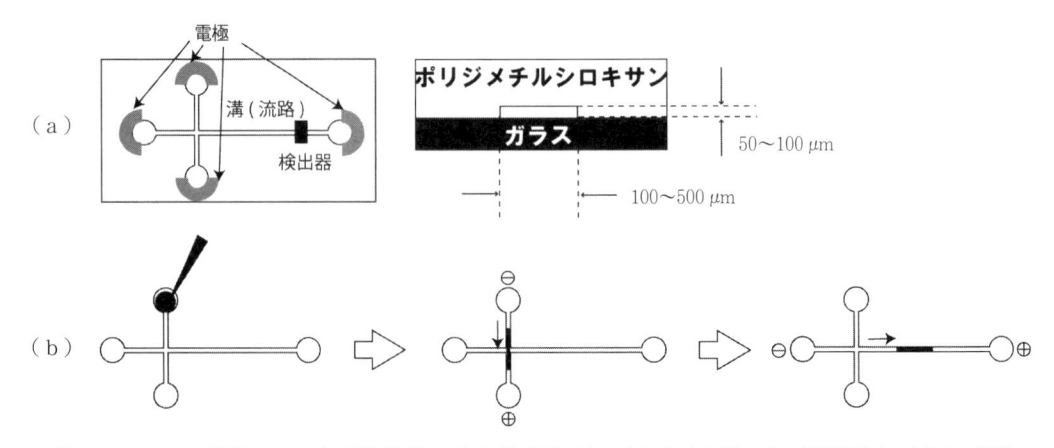

図 6.4 マイクロ化学チップゲル電気泳動の（a）模式図（左：上からみた図，右：断面図）と（b）その操作
まず試料をリザーバと呼ばれる流路の一端に注ぎ込み，その流路の両端の電極に電場を印加して，流路の交叉まで試料を移動させる．次に，もう一対の流路の両端の電極に電場を印加して電気泳動する．

物質があっても通常は干渉されずに限られた反応物と選択的に結合し，かつ副産物をあまり生成せずに，特定の生体物質のみを高い効率で生成する触媒なのである．

　これらの特徴は，酵素が主にタンパク質でできていることに由来している．タンパク質はアミノ酸を単量体としてそれらがアミド結合で連結した高分子（ポリペプチドと呼ぶ）である（図6.5）．高分子の主鎖であるアミド結合同士が分子間相互作用することで二次構造と呼ばれる立体部位（らせん構造やシート構造など）が組み上がり，その側鎖であるアミノ酸残基同士の相互作用により，三次構造と呼ばれる立体（球状や樽型の構造など）が形づくられる．ポリペプチドを2つ以上もつタンパク質の場合，それぞれのポリペプチド鎖がサブユニットを形成し，それらが相互作用して四次構造をつくる．

　典型的な酵素は，三次構造をなす立体構造にわずかな裂け目を形成しており，その裂け目の内部に基質と一時的に結合して触媒となる部位（活性部位と呼ぶ）をもっている．活性部位はアミノ酸残基であることもあれば，金属イオンや他の有機分子が結合していることもある．酵素の特徴である特異性を説明するためには，空間的に基質と活性部位が結合するための構造が必要であり，複数の箇所で

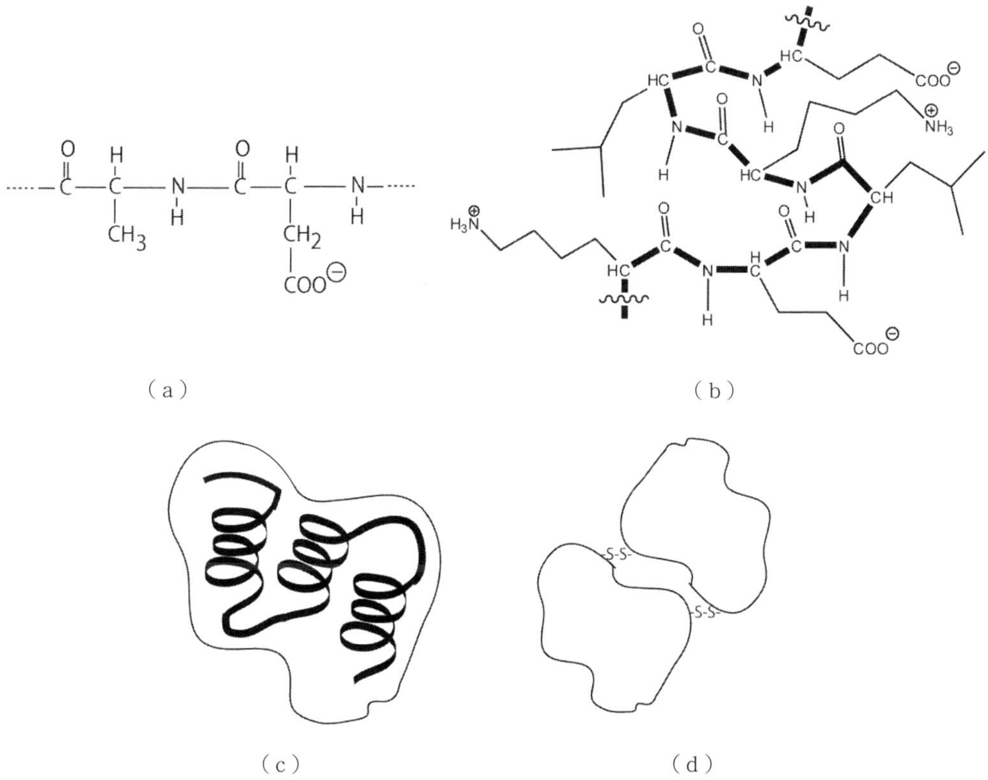

図6.5　タンパク質の折りたたみによる立体構造の組み上がり
(a) 一次構造，(b) 二次構造，(c) 三次構造，(d) 四次構造．

分子間相互作用（たとえば，静電相互作用，水素結合，双極子間相互作用など）が生じることが要求される．

たとえば，DNA の伸長反応の酵素である DNA ポリメラーゼは，図 6.6 のようにあたかも右手のような立体構造をしている．この酵素は，親指に相当する部位で鋳型となる DNA と相互作用して DNA を「つかみ」つつ，人差指に相当する部位が，DNA 伸長反応の 2 つの反応物であるデオキシヌクレオチド（単量体）と伸長中の DNA を「挟み込み」，掌に相当する部位に位置する活性部位で伸長反応が進行する．さらに，反応特異性として，DNA ポリメラーゼは，DNA のリボースの 5′ 位の炭素から 3′ 位の炭素へ向かう方向となるように，単量体を伸長する DNA に次々と結合させていく．

このように，酵素の特異性には，タンパク質の立体構造が重要な役割を担っている．長年にわたって，この構造的な適合性は，活性部位の空間に適合するように相補的な形状の基質のみが反応するもの（鍵と鍵穴モデル：図 6.7 (a)）と考えられてきた．近年，Koshland が，このモデルを拡張し，酵素と基質との関係

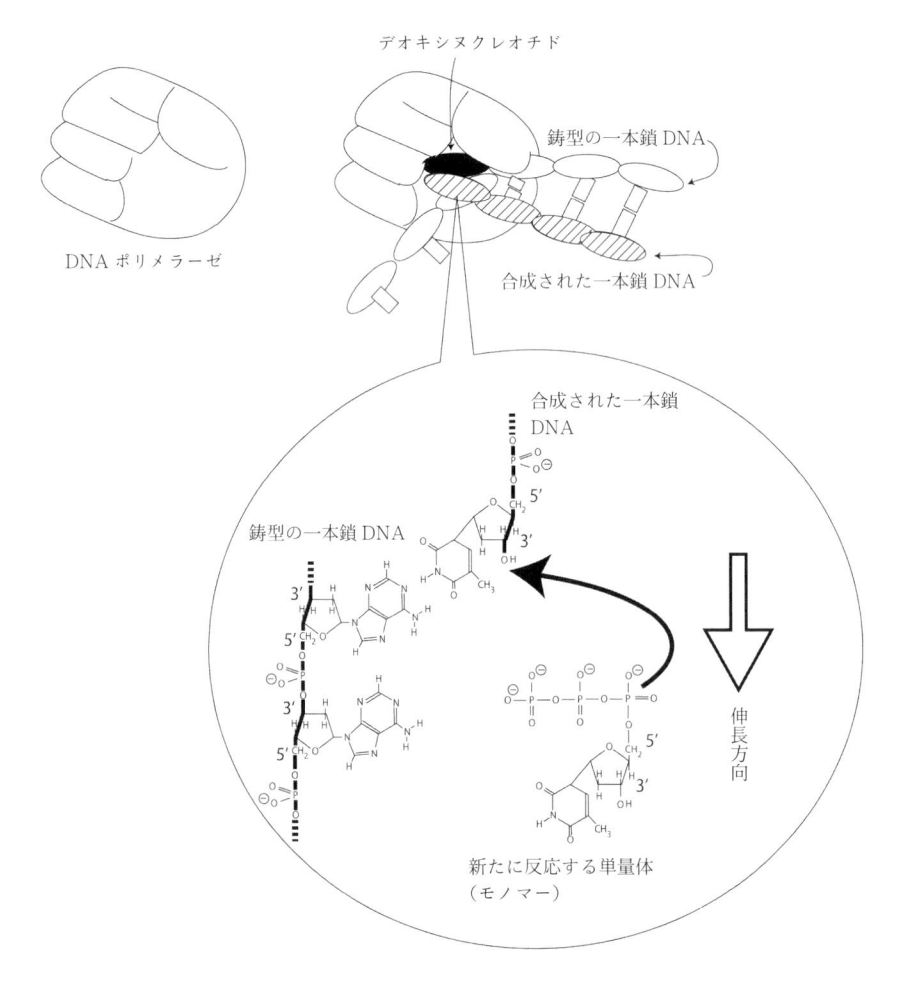

図 6.6 典型的な DNA ポリメラーゼの立体構造の模式図と DNA の伸長反応の方向

は，手と手袋のように適合するものであるという誘導適合モデル（図 6.7 (b)）を提唱している．つまり，酵素は基質が結合すると立体構造が変化して，それにより基質は反応中間体へと導かれる，という動的な性質が重要であるとするモデルであり，最近広く受け入れられている．

b. 酵素を利用した定量分析

高い基質特異性と反応特異性をもつ酵素は，夾雑物の多い溶液中で特定の物質を分離濃縮することなく定量分析法に用いることができる．その一つは，還元型ニコチンアミドアデニンジヌクレオチド（NADH）や還元型ニコチンアミドアデニンジヌクレオチドリン酸（NADPH）という生体必須分子を利用する分析法である．NADH と NADPH はそれぞれ，生体内の同化と異化[5]の過程で利用されている酸化還元酵素の補酵素[6]である．NADH と NADPH は 340 nm の光を吸収するが，その酸化体であるニコチンアミドアデニンジヌクレオチド（NAD^+）やニコチンアミドアデニンジヌクレオチドリン酸（$NADP^+$）はこの波長の光を吸収しない．そこで，酵素の基質特異性と反応特異性とから，分析対象物質の化学反応が酵素のもとで NAD^+（もしくは $NADP^+$）の還元反応と同時に進行させれば，夾雑な試料溶液であっても 340 nm の光の吸光度を測定することで定量分析ができる．

これを利用した分析に血糖値の測定がある．血糖値は健康診断において重要な検査項目で，糖尿病や内臓の疾患の指標となり，血液という多成分が含まれた試料中のグルコース量を測定する．グルコースをヘキソナーゼとアデノシン三リン酸（ATP）によりリン酸化して，グルコース-6-リン酸とし，そこにグルコース-

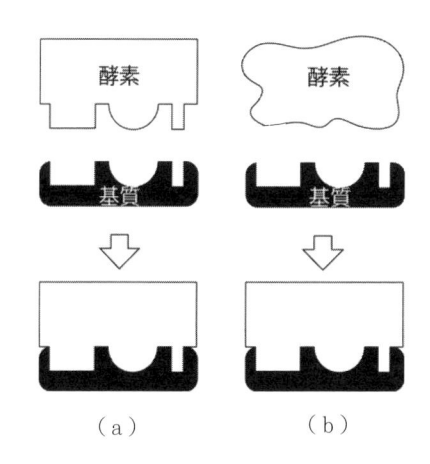

図 6.7 (a) 鍵と鍵穴モデル，(b) 誘導適合モデル

---

5) 同化と異化： 生体内では，外部環境から物質を取り込んで代謝する際，取り込んだ物質から生体構成分子を生体内で形成する一連の化学反応を同化と呼び，取り込んだ物質を分解してエネルギーを得る一連の化学反応（呼吸や光合成など）を異化と呼ぶ．NADH は同化で，NADPH は異化で，それぞれ利用されている生体必須分子である．
6) 補酵素： 酵素はそれだけで触媒として活性を示すもの以外に，金属イオンや小分子量の有機物質を取り込んで初めて活性化されるものがある．このとき，酵素に取り込まれる物質を補酵素と呼ぶ．酵素と補酵素との結合は非共有結合で，可逆的である．

6-リン酸デヒドロゲナーゼとNADP$^+$により，6-ホスホグルコン酸とNADPHを合成させる．生成したNADPHの濃度を吸光光度法によって求めることにより，もとのグルコース量を定量できる．

グルコース＋ATP ⟶ グルコース-6-リン酸＋ADP

グルコース-6-リン酸＋NADP$^+$ ⟶ 6-ホスホグルコン酸＋NADPH

この一連の複雑な反応でかつ他の夾雑な成分も混在している中で，分離濃縮せずにグルコースを定量することができるのは，酵素の性質ならではといえる．

また，酵素の基質特異性や反応特異性を電気化学分析に応用している例もある．電気化学分析は電子機器の小型化に伴い，計測装置そのものの小型化，試料量の少量化，携帯性の向上を図ることができる．したがって，人間が血糖値などの検査項目を自ら計測できるようになる．こうした電極をセンサ[7]と呼ぶ．

酵素電極では，酵素を電極に固定化[8]して電極上で反応させ，そこで起こる酸化還元反応に伴う電子の出入りや電位変化を測定することにより，酵素の基質を定量することができる（図6.8）．たとえば，グルコース脱水素酵素とメディエータと呼ばれる酸化還元物質を固定化した電極では，グルコースを定量することができる．まず酵素によりグルコースは酸化され，メディエータが還元される．還元型のメディエータは電極で再び酸化型に戻り，そこで電流が流れるので，その電流値（あるいは電気量）がグルコース濃度の指標となる．この原理によるグルコースセンサはすでに実用化されている．こうした電流検出型のほかにも，電極表面での濃度比の変化に基づく電位変化を検出するタイプもある．原理上は，分析対象物質により酵素を選択するだけで，同様の仕組みで生体関連物質を定量分

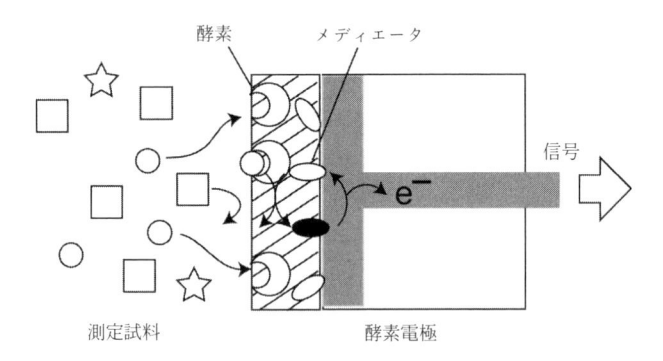

図6.8 酵素電極の模式図

分析対象物である○は酵素の基質であり，それ以外は夾雑物である．グルコースセンサではメディエータの酸化と還元を介して，グルコースが酸化される量を電極の電流値で読むことができる．

7）センサ： センサとは一般に，物質や自然現象にある物理的性質や化学的性質，それらの空間情報や時間変化を，人間や機械が識別できる信号に置き換える仕組みを指す．人間が直接判読できる信号は光や音であり，水銀温度計や滴定指示薬などがセンサである．多くのセンサは，電気信号に置き換え，増幅・制御などの電子回路を経て，人間に判読できるように出力する仕組みとなっている．

8）固定化： 電極表面に酵素を化学的に結合させたり物理的に吸着させるほか，酵素を染み込ませたポリアクリルアミドゲルやポリビニルアルコールゲルを電極表面に接着させる方法がある．

析することができる．

　タンパク質としての立体構造の動的な性質により酵素の特異性が発揮されることから，特異性を保持させる最適の条件として，最適な温度（至適温度という），pH（至適 pH），イオン強度（至適イオン強度）などについてあらかじめ調査しておく必要がある．たとえば，約45℃以上に加熱すると通常の酵素は，タンパク質としての立体構造が崩れて，触媒の機能は失われてしまうのである（失活という）[9]．

　酵素反応を定量分析として利用するには，その特殊性から利用する酵素が触媒となる基質の化学反応速度についてもあらかじめ理解しておく必要がある．酵素反応における基質の反応速度は，基質濃度に対して，しばしば双曲線の一部に相当するような曲線（図 6.9 (a)）になることが知られている．基質 S は酵素 E と一時結合し（ES），その後，生成物 P となって酵素から解離する．化学反応式として表すと，

$$E + S \underset{k_{-1}}{\overset{k_1}{\rightleftharpoons}} ES \xrightarrow{k_2} E + P$$

となる．この式において，k_1, k_{-1}, k_2 を各反応過程の反応速度定数とするとき，反応中間体である ES の正味の生成速度は $k_1[E][S] - k_{-1}[ES] - k_2[ES]$ となる．基質濃度 [S] が酵素濃度 [E] よりもはるかに大きい場合，ES は見かけ上，増えも減りもしない定常状態となり，ES の正味の生成速度は 0 と近似できる．つまり，

$$k_1[E][S] = k_{-1}[ES] + k_2[ES] \tag{6.2}$$

となる．P ができる速度 v は $k_2[ES]$ であり，酵素の全濃度を E_0 とすると，$E_0 = [E] + [ES]$ であるので，式 (6.2) を変形すると，

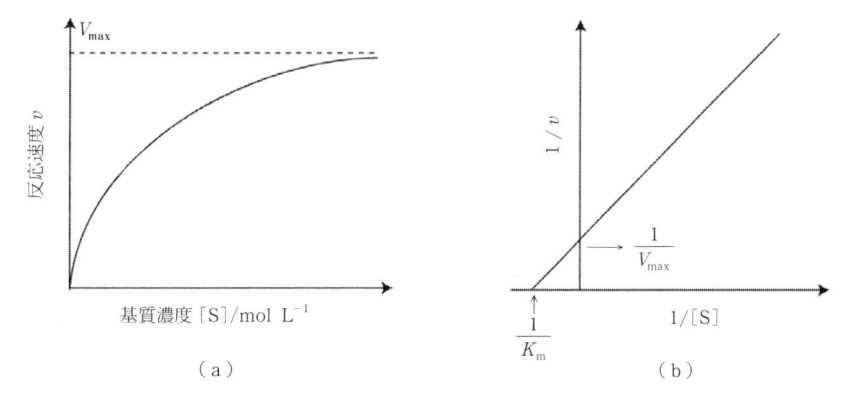

図 6.9　(a) 酵素に対して基質が過剰のもとでの基質濃度と基質の反応速度との関係，(b) ラインウィーバー-バークのプロット

---

[9] 通常の酵素の失活：　生体の温度で活性があるものが人間にとって必要な酵素ということになるが，温泉や海底噴火口近傍に存在する好熱性古細菌由来の酵素の中には，至適温度が 70℃ 以上のものも存在する．

$$v = \frac{k_2 E_0 [\mathrm{S}]}{\frac{k_{-1}+k_2}{k_1}+[\mathrm{S}]} \tag{6.3}$$

となる．式（6.3）はvが[S]に関するべき関数であることを示している．このとき，$k_2 E_0$は最大反応速度$V_{\max}$に相当し，$(k_{-1}+k_2)/k_1 = K_\mathrm{m}$として$K_\mathrm{m}$をミカエリス定数（Michaelis constant）という．

[S]が大きいと反応速度vは$V_{\max}$に近づく．つまり，[S]には依存しなくなる．[S]がK_mよりも小さい場合，$v = V_{\max}[\mathrm{S}]/K_\mathrm{m}$，つまり$v$と[S]とが比例関係となり，[S]に対して一次反応と見なせる．このミカエリス定数K_mは，酵素，基質，反応環境によって決まる値なので，定量分析法として有効な基質濃度範囲を知るために重要である．実験的に$V_{\max}$とK_mを決定するには，横軸に$1/[\mathrm{S}]$，縦軸に$1/v$をとることは有効である．このプロットをラインウィーバー–バークのプロット（Lineweaver–Burk's plot）（図 6.9（b））と呼び，傾きが$K_\mathrm{m}/V_{\max}$，y切片が$1/V_{\max}$，x切片が$-1/K_\mathrm{m}$となり，$V_{\max}$，K_mそれぞれを求めることができる．

c. 酵素を利用したDNA塩基配列決定法

酵素を用いた生体由来物質の分析法で，生命科学の発展に大きく貢献したのが，DNAの配列決定法である．近年では，DNAの塩基配列決定は遺伝病診断，DNA鑑定など，われわれの社会生活にも密接に関わっている．ここでは，DNAと酵素との反応から，DNA塩基配列決定装置（DNAシーケンサともいう）の原理を解説する．

DNAは図 6.1で示したように，4つの異なる単量体がリン酸ジエステル結合で縮合重合した高分子である．WatsonとCrickにより，DNAは2本で1対になってらせん構造（二重らせんという）を生成することが見出された．この二重らせん構造は，それまでにGriffithが見出していた，「DNAは細胞の中で，酵素によって半複製的に保存され[10]，後世の細胞へ引き継がれる遺伝子である」という事実も見事に説明するものだった．

1本の二重らせんDNAから2本の二重らせんDNAを次々とつくり出す生体反応は，分析対象物質をDNAとして考えたときに，増幅反応という前処理法として有用である．したがって，目的のDNAを特定の細胞（たとえば大腸菌）の内部に送り込み，細胞の増殖に伴って，目的DNAの量を増幅させ，その後，目的DNAを分離して精製濃縮する手法が用いられている．一方で，その細胞の培養法や栄養条件によって細胞の生存そのものが決まってしまい，培養時間が短縮できないことや，細胞自体のもっている特性などによって目的DNAが増幅されないことがあるなどの問題点があった．

---

[10] 半複製的に保存： DNAが遺伝子として分裂する細胞のそれぞれに受け継がれる際，二重らせんのコピーをそのまま別に合成して分配するのではなく，二重らせんを一度ほどいて，それぞれの一本鎖から二重らせんをつくり，それを分配することで親の情報を後世に受け継がせるという機構．

この問題点に対し，増幅反応のうち，DNA の合成反応は DNA ポリメラーゼという酵素が行い，二重らせんをほどいたり，再び二重らせんを組み直したりする過程を外から加熱冷却によって制御することで，細胞内ではなく試験管内でDNA を増幅するプロセスが考案された．この一連のプロセスをポリメラーゼ連鎖反応（polymerase chain reaction：PCR）という．

図 6.6 に示したように，DNA ポリメラーゼは，鋳型となる一本鎖の DNA に，短い一本鎖の DNA（プライマという）が二重らせんを組んでいる状態を反応起点として，DNA を伸長させる触媒である．また，DNA が 1 つの単量体の分だけ伸長する反応が終了しても，DNA ポリメラーゼは鋳型 DNA から離れることはなく，鋳型 DNA を包み込みながら，次々と DNA が伸びていく合成反応をその場で進行させる．そして，鋳型 DNA の末端まで DNA を伸長し終えると，初めて DNA から離れる．以上が，一本鎖の DNA から二重らせん DNA を 1 本生成するステップである．すべての一本鎖 DNA から二重らせん DNA が合成された後（図 6.10 (a)）に，反応液を加熱すると，二重らせんをほどくことができる（同図 (b)）．その後冷却すると，一本鎖 DNA は，再びもとの二重らせんを組むよりも，過剰に加えてあるプライマと二重らせんを組む（同図 (c)）．その次に DNA ポリメラーゼの至適温度に再び設定することで（同図 (d)），また DNA は増幅される（同図 (e)）．以上の各ステップをプライマや単量体が消費されるまで繰り返す．このような仕組みにより，配列決定をしたい DNA を試験管内で $2^{20} \sim 2^{30}$（$= 10^5 \sim 10^9$）倍増幅するという前処理が可能となった．

次に，塩基配列の決定法について述べる．DNA 配列決定の手法は 20 世紀末

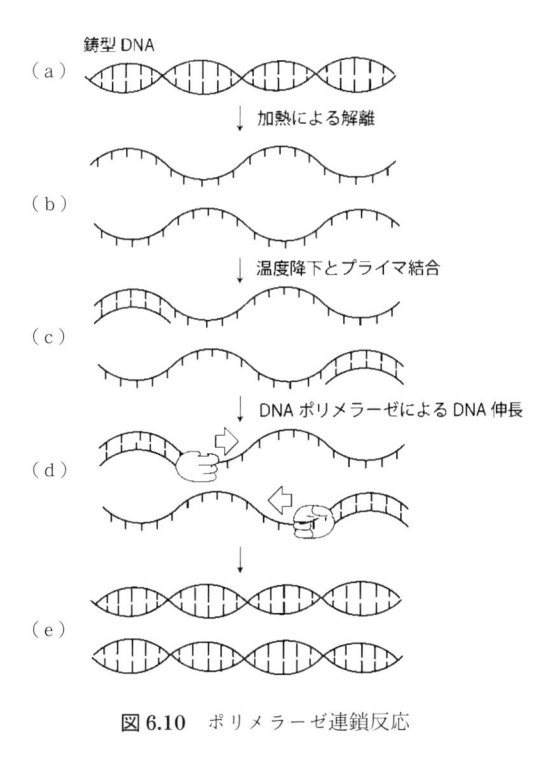

図 6.10 ポリメラーゼ連鎖反応

に多く提案されたが，ここではサンガー法（ジデオキシ法とも呼ぶ）を取り上げる（図 6.11）．鋳型 DNA である一本鎖 DNA に，プライマと単量体，DNA ポリメラーゼを混合すると，二重らせん DNA が合成される．このとき，単量体であるデオキシヌクレオチドに，蛍光標識したジデオキシヌクレオチドを混合しておく．すると，ジデオキシヌクレオチドはリボースの 3' 位の水酸基（HO）が水素原子（H）に置き換わったものであるので，合成中の DNA に取り込まれると，次のデオキシヌクレオチドが結合できずに，伸長反応はそこで打ち止めになる．ここで核酸塩基がアデニンであるアデノシン 5'-三リン酸のジデオキシ体（ddATP）を反応液中に混合すると，合成される DNA 上の各アデニンの位置で反応が止まったそれぞれの長さの DNA が新しく合成されることになる．この DNA ポリメラーゼの反応特異性により，反応後はさまざまな長さの DNA が生成しているので，これをゲル電気泳動やキャピラリーゲル電気泳動で分離し蛍光検出すると，鋳型 DNA の何番目の核酸塩基がアデニンであるかを判定できる．ここで，4 つの核酸塩基に対応した 4 つの異なる蛍光色素で標識したジデオキシヌクレオチドを用いることにより，1 つの試料につき 1 回の操作で DNA 塩基配列を決定できる．また，このサンガー法はすでにコンピュータ制御による自動化が達成されている．分離においては，ゲル電気泳動による 1 回の分析では，約 10 時間で 5 000 bp を決定するのが限界であったが，キャピラリーゲル電気泳動により同時に数百本稼働させることができるようになり，約 100 倍のスピードで配列決定ができるようになった．

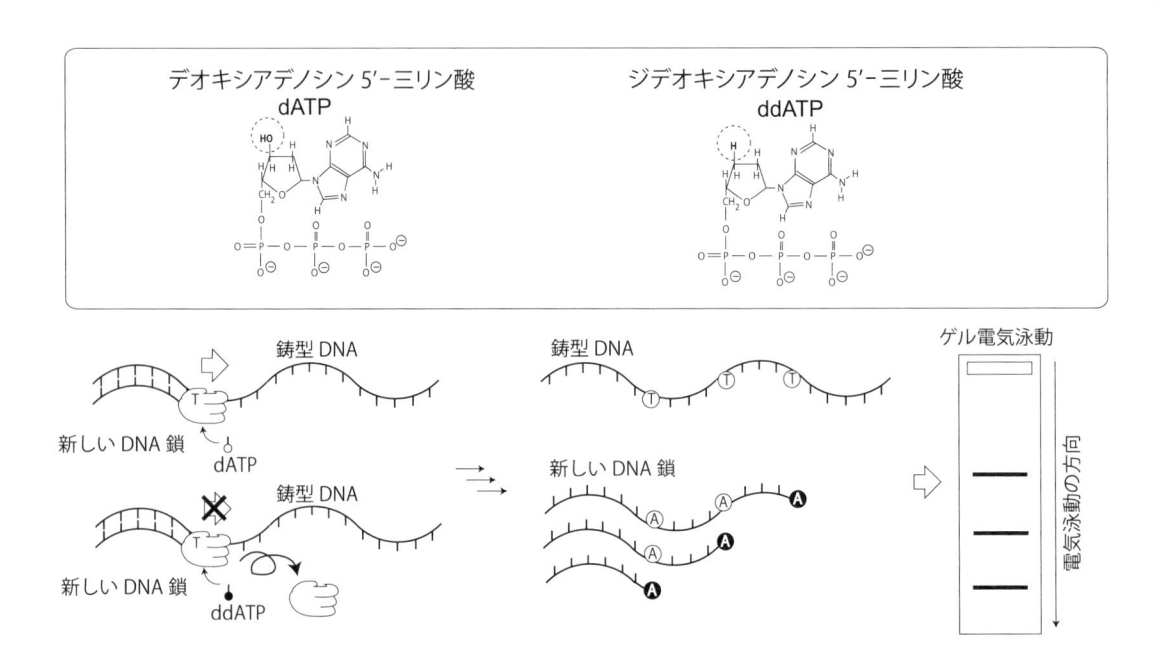

図 6.11 サンガー法による DNA 配列決定の模式図
dATP：デオキシアデノシン 5'-三リン酸，ddATP：ジデオキシアデノシン 5'-三リン酸．

COLUMN

ヒトゲノム計画

米国と日本が 1990 年にスタートした国際プロジェクトであり，スタート当初では 15 年間での完了が計画されていた．ヒトゲノムが約 30 億 bp であることから，当時の分析法ではその程度の期間が最低限必要であると見込まれていた．しかし，本文で述べたような塩基配列決定法の進歩のほか，装置を制御するコンピュータ関連技術の進歩，国際協力関係の拡大，米国セレラ・ジェノミクス社（1998 年創立）との合意的競合などがあり，予定よりも 2 年早い 2003 年にはヒトゲノムの全塩基配列が発表された．現在の技術では，100 台の塩基配列決定装置をコンピュータで連動させ，約 2 か月間で 30 億 bp のゲノムの塩基配列を決定できる．これらの装置は，米国および英国の研究センターそれぞれに設置され，塩基配列決定法の改良やゲノム機能解析の研究が行われている．

DNA マイクロアレイ（DNA チップ）

DNA の全塩基配列を決める分析法が確立した 2000 年ごろ以降，遺伝や代謝など生物の活動中にどの遺伝子（つまり DNA の配列の一部）が働いているのかを測定する分析法に注目が集まっている．遺伝子が働いている際には，細胞内でそのときだけ遺伝子の DNA からタンパク質がつくられている．その途中の過程でつくられる産物の種類と量に着目し，まずこの産物から蛍光ターゲット DNA をつくる．測定したい遺伝子の DNA 断片（プローブ DNA）数千〜数万種類をあらかじめパターン配置した基板上で，蛍光ターゲット DNA をプローブ DNA に反応させ，その蛍光パターンを読み取る．これにより，各々のプローブ DNA に対応する蛍光ターゲット DNA がどのくらいの量だけあるのか，つまり，どの遺伝子が細胞内で働いているのかを測定できる．プローブ DNA をパターン配置したこの基板を DNA マイクロアレイ（もしくは DNA チップ）と呼ぶ（図 6.12）．DNA マイクロアレイは，癌化など細胞の状態変化を分析するために用いられているが，最近は，遺伝病などの病気の診断や食品中の微生物の特定と定量分析を可能とする分析法として実用化されつつある．

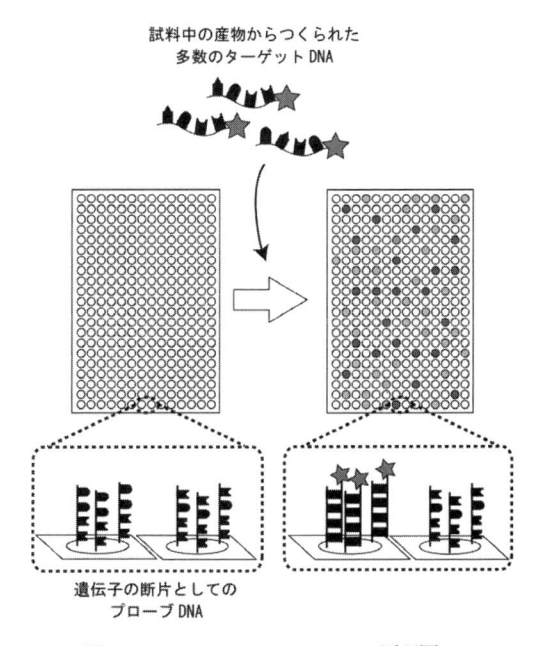

図 6.12　DNAマイクロアレイの原理図

6.3 免疫分析

a. 免疫反応

免疫反応とは，生体でも特に高等生物の内部で起こる生体防御機構の一つである．高等生物が病原体などの免疫原（抗原と呼ぶ）で刺激されると，免疫反応に続いて，免疫系の細胞から産出されたタンパク質（抗体と呼ぶ）が血液系を循環し，抗原と結合することで抗原の活性を奪う．この特異的反応を分析化学へ応用した方法を免疫分析（もしくはイムノアッセイ）という．

抗体の特徴は，抗原に対する高い結合の特異性と，強い結合力であることから，免疫分析は酵素と同様に，分離操作の必要がなく血液や尿などの夾雑な混合物中の分析対象物質の定量分析に利用できる．

抗体分子は，構造が多岐にわたっている酵素とは違って，免疫グロブリン（Ig）と呼ばれるタンパク質の一種に属している．分子量の違いなどで差異はあるが，免疫グロブリンの基本構造は，図 6.13 のとおりである．2 本の長鎖（重鎖と呼ばれる）と 2 本の短鎖（軽鎖と呼ばれる）とから構成されている．その一部だけが，可変領域と呼ばれ，アミノ酸残基が異なり，その他の部位は定常部位と呼ばれ，一定のアミノ酸配列である．可変領域が抗原との結合領域であり，計算上は 10^{10} 通りの異なる抗原結合領域をつくることができる．つまり，それだけの数の異なる抗原を識別する特異性を有している．免疫グロブリンの抗原に対する結合の特異性と強い結合力の理由は，抗原との間で分子間相互作用を多点で形成することと，立体的に適合することにあると考えられているが，まだ不明な点も多い．

b. 定量沈降反応

抗原（Ag）と抗体（Ab）との反応は，特異的であり結合力も強いとはいっても，可逆である．

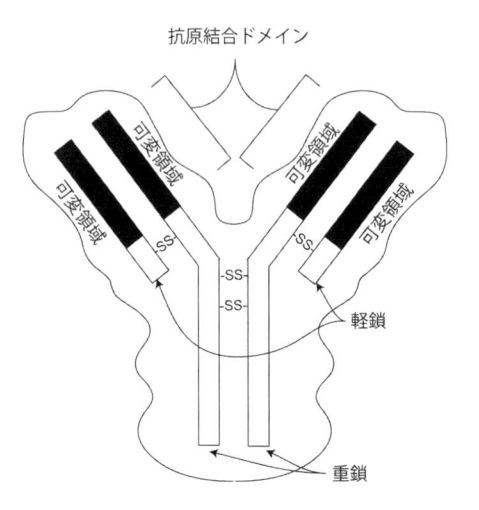

$$Ag + Ab \rightleftharpoons Ag\text{-}Ab$$

図 6.13 免疫グロブリンの基本構造の模式図

結合定数は，大きいものでは10^{10}〜10^{11}程度であるため，平衡時での抗原抗体複合体 Ag-Ab（結合分画と呼ぶ）を遊離した抗原や抗体（遊離分画と呼ぶ）から分離した後に，Ag-Ab の濃度などから抗原の定量を行う．この定量法の一つが定量沈降反応である．

　無機イオンの沈殿生成反応と比較すると，Ag-Ab が不溶性の沈殿物をつくる点で類似しているが，抗体（もしくは抗原）の量が限られているため，多量に試料を用いる滴定はできない．そこで，沈殿物を遠心分離した後に，アルカリで溶解させて，沈殿物そのものを定量する．たとえば，抗体を含む抗血清（血漿から凝固因子を除いた液体）に抗原の溶液を添加して静置すると，沈殿物が生じる．この結合分画を遠心分離で分離した後で，水酸化ナトリウム（NaOH）水溶液で沈殿物を溶解させ，波長 280 nm の吸光度を測定する．この吸光度は，抗体の構成アミノ酸の一つ，トリプトファンに由来するものである．また，抗体をあらかじめ放射性同位元素で標識して[11]，沈殿物の放射線量を測定することで，検出限界を向上することができる．定量するには，抗原抗体にとって最適濃度領域（図 6.14）がある．抗原過剰の領域，あるいは抗体過剰の領域では，1 対 1 で抗原と抗体が反応しないため，定量には向いていない．既知の濃度のもので検量線をつくることもあるが，抗原抗体の最適濃度域において抗体も抗原も全量がほぼ沈殿物となるので定量分析ができる．

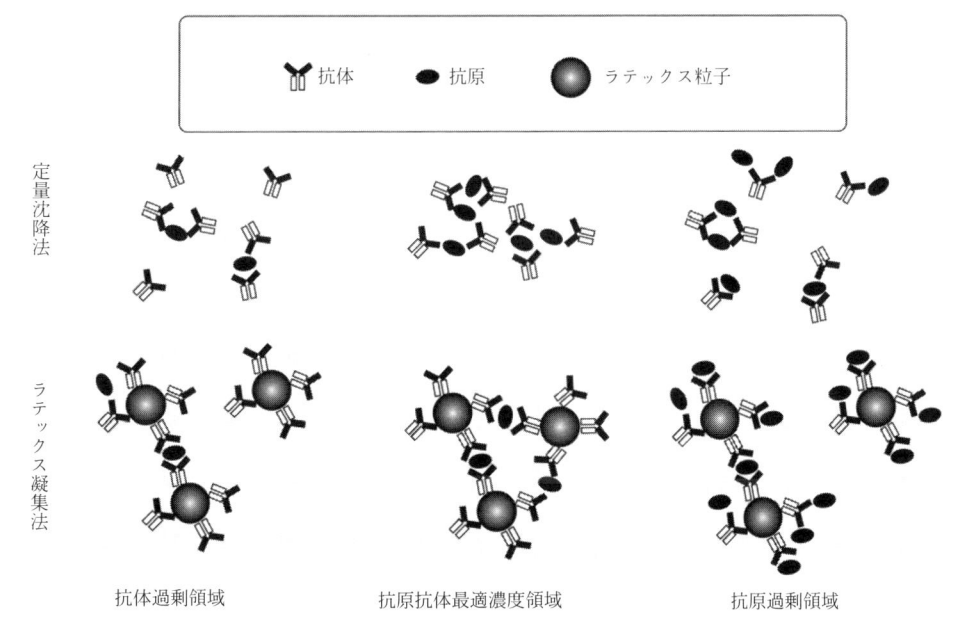

図 6.14 抗原抗体反応の反応様式とラテックス凝集法

11）放射性同位元素で標識した抗体： 同位体標識された抗体を標識していない抗体と混合し，抗原と反応させ，抗原抗体反応の複合体 Ag-Ab からの放射線量から抗原を定量する．これを競合法と呼ぶ．抗原抗体複合体を形成した後で蛍光物質などで標識して定量分析する手法を非競合法と呼ぶ．

抗体の溶液にラテックス粒子を添加して静置すると，粒子のまわりに抗体が非特異的に吸着する[12]．この溶液に抗原溶液を混合すると，抗原抗体反応により粒子が結合していき，ラテックス粒子が凝集体を形成し，1時間ほどで凝集形成を肉眼で確認できる．ラテックス粒子の数密度や反応温度などに依存するが，形成される凝集体は抗原の濃度に比例するので，凝集体の量により抗原を定量できる．分析時間が短く，簡便なため，医療診断のための分析法として有用である．この手法では，抗原の溶液にラテックス粒子を添加して，抗原が吸着したところに，抗体の溶液を添加して凝集体を定量することもできる．

c. 酵素免疫吸着測定法

定量沈降反応は蛍光や放射性同位元素を用いない比較的簡単な定量法であるが，極少量の分析対象物質の定量分析には適していない．放射性同位元素の使用により極微量分析が可能になるが，その取り扱いの不便さもあり，異なる手法が望まれていた．そこで，結合分画の検出の感度を上げて定量下限を改善させる測定法として開発されたのが，抗原への結合の特異性の高い抗体と基質特異性と反応特異性をもつ酵素とを組み合わせた酵素免疫測定法である．酵素を結合分画に共存させ，そこへ基質を反応物として添加すれば，酵素は微量であっても触媒であるので，その生成物量は酵素量によって増幅され，その結果，定量下限を向上させることができる．

ここでは，酵素免疫測定法の中でも，抗体を疎水性のプレートに吸着させた酵素免疫吸着測定法（enzyme-linked immunosorbent assay：ELISA）の一つであるサンドイッチ法について説明する．この原理を図 6.15 に示す．抗原抗体反応によって結合した Ag-Ab から遊離した抗原を分離するために，抗体をプラスチックのプレートにあらかじめ物理的に吸着させておく（同図 (a)）．アルブミンなど抗原と結合しないタンパク質でプレート表面の未吸着箇所を覆った後で（同図 (b)），抗原の溶液を添加すると，プレートの表面に吸着された抗体とのみ

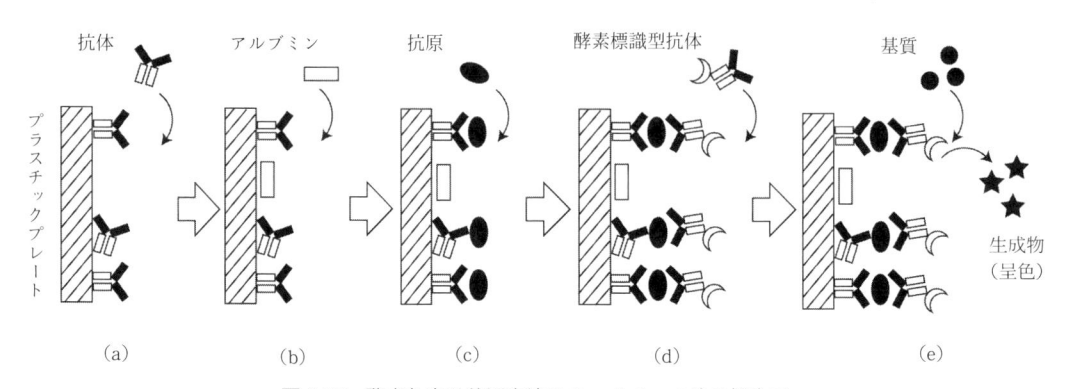

図 6.15　酵素免疫吸着測定法のサンドイッチ法の概念図

---

12) 物理的な吸着：　抗体（もしくは抗原）は，ポリスチレンなど疎水的な固体表面があると，疎水性相互作用などの分子間相互作用によって物理的に吸着する．

抗原が結合する（同図(c)）．次いで，このプレートに酵素標識型抗体[13]の溶液を加えて，抗原と反応させた後に余分な酵素標識型抗体を洗浄すれば，抗原が2つの抗体にサンドイッチされる形の抗体抗原複合体がプレート上に形成される（同図(d)）．最後に，このプレートに基質溶液を添加して，酵素活性を測定することで，抗原濃度を酵素活性から定量することが可能となる．酵素活性は，多くは基質の呈色反応を利用して検出する（同図(e)）．

このときの抗原抗体最適濃度域よりも過剰に酵素標識型抗体を加えているために，抗原過剰領域では酵素標識型抗体は結果的にプレートに固定される割合が減少してしまう．つまり，横軸に抗原濃度を，縦軸に酵素活性をとると，図6.16のようになることから，酵素活性から抗原濃度を定量する際に誤った測定値を与える可能性がある．これを high-dose hook effect という．この効果を防ぐために，抗体が吸着したプレートに試料である抗原溶液を添加して十分に静置した後に，洗浄して結合しなかった抗原を除いたり，あらかじめ試料の抗原溶液を希釈したりすることが重要である．

ELISA は，病原体の定量分析だけでなく，ダイオキシンの定量分析，異常プリオン（狂牛病の原因の一つ）など疾患の際に血中やリンパ液中に存在するタンパク質の定量分析，唾液分析などへ応用され，それぞれ自動化した装置も市販されている．

本章で解説した酵素や抗体は，分子認識により高い特異性を有する．生物は，約40億年を費やしてこれら高分子の機能を発達させてきた．生体高分子を分析化学に応用し，マイクロ化学チップ分析装置などを組み合わせた新しい分析法は現在活発に研究開発されている．このような分析化学は，健康診断やDNA鑑定をわれわれにとってより身近なものとし，社会生活の安全安心へ大きく貢献するものと期待されている．

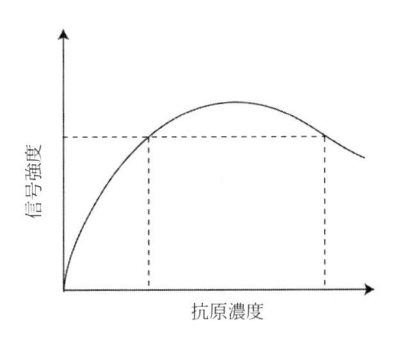

図 6.16 high-dose hook effect

---

[13] 酵素標識型抗体： 抗体を標識する酵素には西洋ワサビペルオキシダーゼが用いられることが多い．抗体の四次構造を維持するジスルフィド結合（S-S）を還元してチオール基とし，酵素のアミノ基とを架橋剤で共有結合的に連結することで，酵素標識型抗体が合成される．西洋ワサビペルオキシダーゼの基質には過酸化水素（H_2O_2）と，o-フェニレンジアミンなどの有色基質を用いて酵素活性を測定する．

練習問題

6.1 ある一本鎖 DNA は TAGCCAGTCTTAGCCAGTCT という塩基配列（A：アデニン，T：チミン，G：グアニン，C：シトシン，左から右へリボース炭素の 3′ → 5′ の方向）である．

① これと二重らせんを組む相補的な一本鎖 DNA の配列は何か．ただし，A–T，G–C がそれぞれ塩基対を組むとする．

② グアノシン三リン酸のジデオキシ体（ddGTP）を用いたサンガー法でこの一本鎖 DNA の配列を決定する実験を行う場合，新たに合成される一本鎖 DNA の配列を，ゲル電気泳動で分離した際に長い距離移動するもを順にあげよ．

6.2 空腹時の血糖値（グルコース濃度）が 1.26 g L^{-1} 以上の場合に，糖尿病と診断される．T さんの血清（血液の一部）0.050 mL に緩衝液 2.8 mL を加え，さらに ATP 水溶液 0.050 mL と NADP$^+$ 水溶液 0.050 mL を加えた．この溶液に，ヘキソキナーゼおよびグルコース-6-リン酸デヒドロゲナーゼを含む酵素液 0.050 mL を加えることにより酵素反応を開始させた．波長 340 nm における吸光度が一定となったとき，吸光度は反応開始時に比べて 0.421 だけ増加していた（光路長 1 cm のセルを用いた）．T さんは糖尿病かどうか診断せよ．グルコースの分子量は 180.16，NADPH の 340 nm におけるモル吸光係数は 6 220 M^{-1} cm^{-1} である．なお，NADP$^+$ と ATP はグルコースに対して過剰に存在するとする．

6.3 次の文章は正しいか誤りか．誤りの場合はその理由を述べよ．

① 酵素反応の初速度は基質濃度に依存しない．
② 基質が飽和状態にあるとき，酵素反応の速度は酵素濃度に比例する．
③ ミカエリス定数 K_m は $v = V_\mathrm{max}/2$ となるときの基質濃度に等しい．
④ K_m は酵素濃度とともに変化する．
⑤ 基質濃度がきわめて低い場合，酵素反応速度は時間とともに低下する．

6.4 尿による妊娠検査法のほとんどは，妊娠期間中に母親の尿中に排出されるヒト絨毛性ゴナドトロピン（hCG）の有無を測定するというものである．hCG に結合する色素標識型の抗体 Ab$_1$ と，この hCG-抗体複合体に結合する抗体 Ab$_2$ という 2 つの試薬を用いた場合に，尿中の hCG の有無を色で測定できる方策を述べよ．

練習問題解答

【第2章】

2.1 HA ⇌ A⁻ + H⁺ の平衡が存在すれば吸収 S は，$S = \varepsilon_{HA}[HA] + \varepsilon_{A^-}[A^-]$ となる．全濃度 $[A]$ は $[HA] + [A^-]$ だから，$S = \varepsilon_{HA}\{[A] - [A^-]\} + \varepsilon_{A^-}[A^-]$ となる．等吸収点では $\varepsilon_{HA} = \varepsilon_{A^-}$ だから，$S = \varepsilon_{HA}[A]$ となり，各化学種の濃度に無関係となる．

2.2 モル吸光係数は（1 mol の分子の断面積）×（遷移確率）となるから，$(0.7 \text{ nm})^2 \times 6 \times 10^{23} \times 0.5 = 1.5 \times 10^6 \text{ M}^{-1}\text{cm}^{-1}$ となる．したがって，10^6 M⁻¹cm⁻¹ が理論的にも最大となることがわかる．

2.3 実際にグラフを描き，透過率 36.8% で最小の値となることを示せばよい．

2.4 迷光などのバックグラウンドを低減し，検出器には暗電流（光が当たっていなくても流れる電流）が小さいものを用いる．吸光法で光源強度を高くしても観察しているのはその変化量になるため，レーザー光を用いても高感度分析にはならない．

2.5 標準添加法を用いる．試料溶液に目的元素を添加することにより検量線を求めるため，マトリックスを合わせることができる．また内標準法においても，内標準物質との信号強度比を利用するため，物理干渉により試料導入量が変化しても補正することができる．

2.6 よりイオン化しやすい元素を試料溶液や標準溶液に添加して，目的成分のイオン化を抑制する．

【第3章】

3.1 電荷均衡式から当量点を過ぎると $[H_3O^+] = 0$ となるので，下図のように当量点に近づくと pH は無限大に発散してしまう．

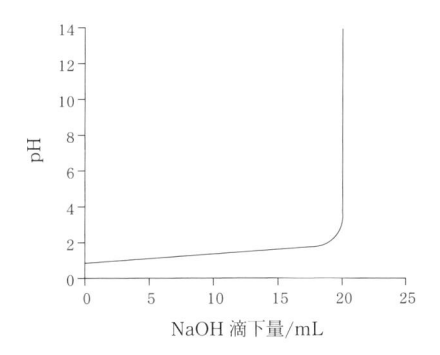

3.2 理由と①は本文参照．
② Debye と Hückel の取り扱いをリン酸の K_3 に拡張すると，多価イオンが関与するときにイオン強度の影響が大きいことがわかる．

3.3 酢酸水溶液の NaOH 水溶液による酸塩基滴定の当量点は酢酸ナトリウムの水溶液となり，pH は 8.72 となるのでフェノールフタレインが最適である．また，酢酸ナトリウムの HCl 水溶液による滴定の当量点は酢酸の水溶液となり，pH は 3.03 である．したがって，メチルオレンジまたはもう少し pK_a の小さなチモールブルーなどが適当である．

3.4 図 3.21 から，pM 8 で金属緩衝溶液として働いているのは，$\log K_f' = 8$ の場合であることが一目瞭然である（EDTA が過剰の領域）．pH 緩衝溶液としては pH ≈ pK_a の系を選べばよかったように，

pH ≈ logK_f' の系が金属緩衝溶液として適当である．

【第4章】

4.1 左半反応：$E_L = 0.337 + 0.059 \times \log(0.01)/2 = 0.278$ V
（注：金属 Cu 自体が酸化還元対の一方であり，その活量は 1 である）
右半反応：$E_R = 0.771 + 0.059 \times \log(0.02/0.1)/2 = 0.730$ V
したがって，左が負極（陽極），右が正極（負極）
Cu + 2Fe^{3+} ⟶ Cu^{2+} + 2Fe^{2+}
起電力 $E = E_R - E_L = 0.730 - 0.278 = 0.452$ V
$\Delta G° = -nFE° = -RT\ln K$ より，
$\log K = 2 \times (0.771 - 0.337)/0.059 = 14.7$
$K = 10^{14.7}$

4.2 本問では K_O と K_R を結合定数として定義しているので，式（4.24）は次のように書き替えられる．
$$E°' = E° = -\frac{RT}{nF}\ln\frac{K_O}{K_R}$$
よって，
$\log(K_O/K_R) = -(0.254 - 0.771)/0.059 = 8.71$

4.3 白金は酸素や水に対して可逆的には応答しない．したがって，たとえ溶存酸素濃度の変化によって，ORP 電極が示す電位が変化したとしても，それは溶存酸素の測定にはふさわしくない．酸素と水の酸化還元電位とほぼ同じくらいの酸化還元メディエータを選び，それが適当な触媒のもとで，酸素/水と可逆的に反応し，かつメディエータが白金と可逆的に反応すれば，測定できる．ある酵素がこの触媒になる場合があるが，現時点ではこのような反応系を組み立てることは非常に困難とされている．

4.4 COD = $1.002 \times 0.005 \times (8.23 - 0.16) \times 40 \times 1\,000/100 = 16.2$
逆滴定だから，Na$_2$C$_2$O$_4$ のファクターは考える必要はない．
O$_2$ は H$_2$O まで 4 電子還元され，MnO$_4^-$ は 5 電子還元されるから，1 mol MnO$_4^-$ は $32 \times 5/4 = 40$ g の酸素に相当する．

【第5章】

5.1 $S = (0.79/311.9)(1\,000/100) = 2.5 \times 10^{-2}$
[Ag$^+$] = 2S, [SO$_4^{2-}$] = S だから，
$K_{sp,Ag_2SO_4} = (2S)^2 S = 6.3 \times 10^{-5}$

5.2 CaSO$_4$ が沈殿し始める SO$_4^{2-}$ 濃度は，
[SO$_4^{2-}$] = $K_{sp,CaSO_4}$/[Ca^{2+}] = 2.3×10^{-3}
Ba^{2+} が定量的に沈殿したときの溶液中に残る Ba^{2+} ははじめの量の 0.1% 以下となる．
このときの SO$_4^{2-}$ 濃度は，[SO$_4^{2-}$] = $K_{sp,CaSO_4}$/[Ba^{2+}] = 1.1×10^{-4}．したがって，求める [SO$_4^{2-}$] の濃度範囲は，
$1.1 \times 10^{-4} \leq$ [SO$_4^{2-}$] $\leq 2.3 \times 10^{-3}$

5.3 水溶液中に W_0（g）あった化合物 A が，1 回抽出後に W_1（g）になったとすると，
$W_1 = \{75/(3.50 \times 100 + 75)\}W_0 = 0.1765 W_0$
よって，抽出される物質 A の百分率，E（%）= $\{(W_0 - W_1)/W_0\} \times 100$ に代入する．
E（%）= $\{(1 - 0.1765)/1\} \times 100 = 82.35\%$
一方で，20 mL ずつ 5 回行った場合には，
$W_5 = \{75/(3.50 \times 20 + 75)\}^5 W_0 = 0.0370 W_0$
E（%）= $\{(1 - 0.0370)/1\} \times 100 = 96.3\%$

5.4 分配比 $D = (C_{HA})_o/(C_{HA})_w$ = [HA]$_o$/([HA]$_w$[A$^-$]$_w$) ⋯①

弱酸の分配係数 $K_D = [HA]_o/[HA]_w \cdots$ ②
弱酸の解離定数 $K_a = [H^+]_w[A^-]_w/[HA]_w \cdots$ ③
ここで，[ ]$_w$ と [ ]$_o$ の下付き記号は，水相および有機相中の化学種の濃度を示す．
式①～③より，
$D = [HA]_o/\{[HA]_w + (K_a[HA]_w/[H^+]_w)\} = [HA]_o/\{[HA]_w(1+K_a/[H^+]_w)\}$
$= K_D[H^+]_w/([H^+]_w + K_a) \cdots$ ④
式④から，$[H^+]_w \gg K_a$，酸性溶液では $D \simeq K_D$，酸が有機相に抽出される．一方，$[H^+]_w \ll K_a$，強アルカリ溶液では $D \simeq K_D[H^+]_w/K_a$，D の値が小さい場合には酸は水相に抽出される．以上のように，pH 調整で抽出を適切に制御できる．つまり，水相の pH 調整によって酸または塩基の混合物分離ができる．

5.5 有効数字を 2 桁とすると，$\alpha = (8.4-1.2)/(7.8-1.2) \simeq 1.1$，$k_2 = (8.4-1.2)/1.2 = 6$．これらの数字および $R = 1.5$ を式 (5.54) に代入すると，$N = 5929 \simeq 5.9 \times 10^3$ 段．必要なカラム長さは，$0.02 \times 5.9 \times 10^3 = 118$ mm $\simeq 12$ cm

5.6 試料 1 mg 中に A，B，C はそれぞれ，$5.35 \times 10^3/100 = 53.5$ μg，$1.56 \times 10^4/115 = 135.7$ μg，$1.23 \times 10^4/130 = 94.6$ μg 含まれている．
したがって，A=5.35％，B=13.57％，C=9.46％

【第 6 章】

6.1 ① ATCGGTCAGAATCGGTCAGA（左から右へリボース炭素の 5′→3′ の方向）
② ATCG, ATCGG, ATCGGTCAG, ATCGGTCAGAATCG, ATCGGTCAGAATCG, ATCGGTCAGAATCGGTCAG（左から右へリボース炭素の 5′→3′ の方向）

6.2 血中のグルコース濃度は 0.72 g L^{-1} と求まり，T さんは糖尿病でない．

6.3 ① 誤り．初速度が基質濃度 [S] に依存しないのは $[S] \gg K_m$ のときだけである．
② 正しい．
③ 正しい．
④ 誤り．ほとんどすべての酵素において K_m は酵素濃度に依存しない．
⑤ 正しい．基質が消費されていくに伴い速度は低下する．

6.4 Ab$_1$ 溶液と尿とを混合した後，これに Ab$_2$ 溶液を加える．色素の濃い色の沈殿が生じれば hCG 有．あるいは，Ab$_2$ をプラスチックプレートに吸着させ，アルブミンを加えて未吸着領域を覆ってから，Ab$_1$ 溶液と尿とを混合した溶液を加え，その後洗浄してプレートに色素沈着がみられれば hCG 有．（注：市販の妊娠診断キットは，Ab$_1$ と Ab$_2$ を染み込ませた沪紙を用いている．尿を毛細管現象によりその沪紙に導き，尿中の hCG と Ab$_1$ とをまず反応させ，その後に Ab$_2$ に反応させ，沪紙に色素沈着がみられれば陽性とするものである．さらに酸塩基指示薬も沪紙に染み込ませてあるので，尿の pH が抗原抗体反応に適した条件で計測できているかも確認できる．）

索　引

和文索引

あ 行

アイソクラティック溶離　110
アガロース　119
アスコルビン酸（ビタミンC）　81
アノード（陽極）　76
アントラセン　17

イオン化干渉　28
イオン強度　68
イオンクロマトグラフィー（IC）　111
イオン交換樹脂　112
イオン交換選択係数　112
イオン積（自己解離定数）　37
イオン線　28
イオン選択性電極　82
イオン対（つい）抽出　94
異化　125
移動相　99
イムノアッセイ（免疫分析）　132
陰極（カソード）　76
インジェクター（試料導入装置）　107

エチレンジアミン四酢酸（EDTA）　62
塩基解離反応　33
塩橋　71
炎光光度検出器（FPD）　109
炎色反応　1

オクタデシルシリカ（ODS）　111

か 行

回折格子　20
解離度　39
ガウス分布（正規分布）　5, 100
化学干渉　28
化学的酸素消費量（COD）　82
化学発光分光法　22
確度　4
ガスクロマトグラフィー　107
カソード（陰極）　76
活量　67
活量係数　67
過マンガン酸滴定　81
ガラス電極　83
カラム　99
ガルバニ電池　71, 76
還元　70
還元型ニコチンアミドアデニンジヌクレオチド（NADH）　125
還元型ニコチンアミドアデニンジヌクレオチドリン酸（NADPH）　125
還元剤　70
干渉　28
緩衝指数　46
感度　5

機器分析法　2
基質特異性　122
キセノンランプ　20
起電力　70, 72
ギブズ式　72
逆相クロマトグラフィー　110
キャピラリーカラム（毛細管カラム）　108
キャピラリーゲル電気泳動　121
キャピラリーゾーン電気泳動　121
吸光光度法　10
吸光度　10
吸収スペクトル　10
吸着剤　108
強塩基　33

夾雑物　3, 118
強酸　33
共通イオン効果　88
共役（きょうやく）　39
共役塩基　39
　　──の解離定数　43
共役酸　39
許容誤差　57
キレート　62
キレート抽出　94
キレート滴定　58, 62
銀塩化銀電極　73
均化反応　81
金属指示薬　64

空試料（ブランク試料）　5
偶然誤差　5
グラジエント溶離　110
クロマトグラム　99

蛍光　12
蛍光検出器　111
蛍光スペクトル　17
蛍光分光法　13, 17
系統誤差　4
結合分画　133
ゲル浸透クロマトグラフィー　113
ゲル電気泳動　118
ゲル沪過クロマトグラフィー　113
原子吸光法（AAS）　24, 25
原子線　28
検出　1
検出器　107
検出限界　5
検量線　5
検量線量　7

光学顕微鏡　21

交換容量　112
抗原　132
光合成　77
格子エネルギー　85
高純度試薬　30
高速液体クロマトグラフィー
　　　（HPLC）　109, 116
酵素標識型抗体　135
酵素免疫吸着測定法（ELISA）
　　　134
酵素免疫測定法　134
抗体　132
光電子増倍管　21
光熱変換分光法　13
黒鉛炉加熱　27
誤差　4
固相抽出　92
固定相　99

さ　行

サイズ排除クロマトグラフィー
　　　（SEC）　113
錯生成定数　60
サプレッサー　113
作用電極　71
酸塩基指示薬　55
酸塩基反応　39
酸化　70
酸解離定数　39, 92
酸解離反応　33
酸化還元緩衝性　75
酸化還元緩衝能　75
酸化還元滴定　70
酸化剤　70
サンガー法　130
参照電極　71
三ヨウ素酸イオン　80

次亜塩素酸イオン　81
紫外・可視吸光光度検出器　111
紫外・可視光　12
式量電位　78
シーケンシャル型分光器　29
自己解離定数（イオン積）　37
示差屈折計検出器　111
四重極型質量分析器　29
失活　127
質量分析計　98
シトクロムc　79
弱塩基　44

弱酸　38
重クロム酸イオン　77
シュウ酸イオン　82
重水素ランプ　20
充填カラム（パックドカラム）
　　　108
順相クロマトグラフィー　110
条件付き生成定数　63
消光　18
試料セル　20
試料導入装置（インジェクター）
　　　107
振動緩和　12

水素イオン　33
水素炎イオン化検出器（FID）　109
水素化物発生法　27
水平化　33
水和イオン　58
水和エンタルピー　85

正規分布（ガウス分布）　5, 100
精度　5
赤外線　31
絶対定量　7
全生成定数　59
線流速　105

相対定量　7
相対標準偏差　5

た　行

ダイナミックレンジ（定量範囲）　6
多塩基酸　49
多座配位子　58
多段抽出　95
ダブルビーム法　21
タングステンランプ　20
単座配位子　58
単色性指示薬　56
段理論　99

チオ硫酸ナトリウム　81
逐次生成定数　59
中空陰極ランプ　26
抽出試薬　94
抽出定数　95
中性　37
沈殿生成　85
沈殿滴定　89

呈色試薬　15
呈色反応　15
定性分析　1
定量下限　6
定量範囲（ダイナミックレンジ）　6
定量分析　1
滴定曲線　33, 89
デバイーヒュッケル理論　67
電解　77
電荷均衡　36
電気泳動　118
電気泳動移動度　119
電気浸透流　121
電気伝導度検出器　113
電気伝導率　34, 36
電子供与体　58
電子捕獲検出器（ECD）　109

同化　125
透過率　10
等吸収点　14
当量点　34, 89

な　行

内標準法　7

二色性指示薬　56
認証標準物質　4

熱伝導度検出器（TCD）　109
熱力学的平衡定数　68
ネルンスト応答　83
ネルンスト式　73, 82
粘度検出器　114

は　行

配位子　58, 94
パウリの排他律　23
薄層クロマトグラフィー（TLC）
　　　115
％抽出率　94
パックドカラム（充填カラム）
　　　108
発光収率　22
ハロゲンランプ　20
半電池　71
半当量点　42
反応特異性　122

光散乱検出器　114

ピーク幅　100
ビタミンB_1　18
ビタミンC（アスコルビン酸）　81
ヒトゲノム計画　131
標準起電力　76
標準酸化還元電位　73
標準水素電極（SHE）　72
標準物質　4
標準偏差　101
標本標準偏差　5

ファヤンス法　91
ファラデー定数　72
ファンディームターの式　105
1,10-フェナントロリン溶液　16
フェノールフタレイン　55, 57
フォトダイオード　21
不均化反応　81
物理干渉　28
プラズマ　25
フランク-コンドンの原理　12
ブランク試料（空試料）　5
プランジャーポンプ　109
プリズム　20
フレーム　26
プローブ試薬　19
ブロモフェノールブルー　56
分光干渉　28
分光器　20
分散　101
分子拡散　100
分子認識　118, 135
分子ふるい効果　119
フント則　23
分配係数　92, 103
分配比　92
分配平衡　92
分別沈殿　88
分離　3
分離係数　104

分離度　105
平均値　4
変色域　56
変動係数　5

補酵素　125
保持係数　104
保持時間　101
母集団標準偏差　5
補色　10
補正保持時間　103
ポテンショメトリー　70, 73
ポリアクリルアミド　119
ポリメラーゼ連鎖反応（PCR）　129
ホールドアップ時間　100
ポルフィリン錯体　15

ま　行

マイクロ化学チップ　122
マクスウェル-ボルツマン分布　24
膜電位　82
マスキング　16
マトリックス　7
マトリックス効果　7
マルチ型分光器　29

ミカエリス定数　128

無輻射遷移　12

メチルオレンジ　55, 58
メチルバイオレット　56
メディエータ　126
メモリー効果　30
免疫グロブリン　132
免疫反応　132
免疫分析（イムノアッセイ）　132

毛細管カラム（キャピラリーカラム）　108
モースポテンシャル曲線　11
モノリスカラム　110
モル吸光係数　14
モル法　91

や　行

有効数字　6
有効理論段数　103
誘導結合プラズマ質量分析法（ICP-MS）　29
誘導結合プラズマ発光分光法（ICP-AES）　24, 28
遊離分画　133

溶解度　86
溶解度積　86
陽極（アノード）　76
ヨウ素　80
ヨウ素滴定　80
ヨウ素-デンプン反応　81
溶媒抽出　92

ら　行

ラジオ波　31
ラテックス粒子　134
ランベルト-ベール則　14

理想溶液　67
量子収率　17
緑色蛍光タンパク質（GFP）　19
理論段　101
理論段高　102

ルミノール　22

励起スペクトル　17
レーザー　22

欧文索引

A
AAS（原子吸光法） 24, 25
ANS 19
Arrhenius の酸塩基 35

B
bp 120
Brønsted の酸塩基 35

C
COD（化学的酸素消費量） 82

D
DNA 配列決定装置 128
DNA ポリメラーゼ 124, 129
DNA マイクロアレイ 131

E
EBT 65
ECD（電子捕獲検出器） 109
EDTA（エチレンジアミン四酢酸） 62
ELISA（酵素免疫吸着測定法） 134

F
FID（水素炎イオン化検出器） 109
FPD（炎光光度検出器） 109
Fura-2 19

G
γ 線 31
GFP（緑色蛍光タンパク質） 19

H
Henderson–Hasselbalch 式 42
high-dose hook effect 135
HPLC（高速液体クロマトグラフィー） 109, 116

I
IC（イオンクロマトグラフィー） 111
ICP-AES（誘導結合プラズマ発光分光法） 24, 28
ICP-MS（誘導結合プラズマ質量分析法） 29

L
Lewis の酸塩基 35

N
NADH（還元型ニコチンアミドアデニンジヌクレオチド） 125
NADPH（還元型ニコチンアミドアデニンジヌクレオチドリン酸） 125
NN 65

O
ODS（オクタデシルシリカ） 111
ORP 73

P
PCR（ポリメラーゼ連鎖反応） 129
pH 33
pH 緩衝 35, 46
pH 滴定 33

R
R_f 値 115

S
SEC（サイズ排除クロマトグラフィー） 113
SHE（標準水素電極） 72
SI 単位 8

T
TCD（熱伝導度検出器） 109
TLC（薄層クロマトグラフィー） 115

U
Usanovich の酸塩基 35

X
X 線 31

著者略歴

藤浪眞紀
- 1987年 東京大学大学院工学系研究科博士課程修了
- 現　在 千葉大学大学院工学研究科共生応用化学専攻 教授，工学博士

久本秀明
- 1996年 慶應義塾大学大学院理工学研究科博士課程修了
- 現　在 大阪府立大学大学院工学研究科物質・化学系専攻 准教授，工学博士

岡田哲男
- 1986年 京都大学大学院理学研究科博士課程修了
- 現　在 東京工業大学大学院理工学研究科化学専攻 教授，理学博士

豊田太郎
- 2005年 東京大学大学院総合文化研究科博士課程修了
- 2006年 千葉大学大学院工学研究科共生応用化学専攻助教
- 現　在 東京大学大学院総合文化研究科広域科学専攻 講師，博士（学術）

加納健司
- 1982年 京都大学大学院農学研究科博士課程修了
- 現　在 京都大学大学院農学研究科応用生命科学専攻 教授，農学博士

基礎から理解する化学 3

分析化学

定価はカバーに表示

2009 年 10 月 29 日　初版第 1 刷発行
2023 年 3 月 13 日　第 4 刷発行

著　者　藤浪眞紀・岡田哲男・加納健司・久本秀明・豊田太郎

発　行　エムスリーエデュケーション株式会社
〒108-0014
東京都港区芝 5-33-1　プラザビル本館 15 F
TEL：03-6879-3002　　FAX：050-3153-1427

印刷・製本：モリモト印刷　／　装丁：安孫子正浩

ISBN 978-4-87211-969-5 C3043

4桁の原子量表 (2016)

(元素の原子量は，質量数12の炭素 (^{12}C) を12とし，これに対する相対値とする。)

本表は，実用上の便宜を考えて，国際純正・応用化学連合 (IUPAC) で承認された最新の原子量に基づき，日本化学会原子量専門委員会が独自に作成したものである。本来，同位体存在度の不確定さは，自然に，あるいは人為的に起こりうる変動や実験誤差のために，元素ごとに異なる。従って，個々の原子量の値は，正確度が保証された有効数字の桁数が大きく異なる。本表の原子量を引用する際には，このことに注意を喚起することが望ましい。

なお，本表の原子量の信頼性は有効数字の4桁目で±1以内であるが，例外として，*を付したものは±2である。また，安定同位体がなく，天然で特定の同位体組成を示さない元素については，その元素の放射性同位体の質量数の一例を（ ）内に示した。従って，その値を原子量として扱うことは出来ない。

原子番号	元素名	元素記号	原子量	原子番号	元素名	元素記号	原子量
1	水素	H	1.008	58	セリウム	Ce	140.1
2	ヘリウム	He	4.003	59	プラセオジム	Pr	140.9
3	リチウム	Li	6.941†	60	ネオジム	Nd	144.2
4	ベリリウム	Be	9.012	61	プロメチウム	Pm	(145)
5	ホウ素	B	10.81	62	サマリウム	Sm	150.4
6	炭素	C	12.01	63	ユウロピウム	Eu	152.0
7	窒素	N	14.01	64	ガドリニウム	Gd	157.3
8	酸素	O	16.00	65	テルビウム	Tb	158.9
9	フッ素	F	19.00	66	ジスプロシウム	Dy	162.5
10	ネオン	Ne	20.18	67	ホルミウム	Ho	164.9
11	ナトリウム	Na	22.99	68	エルビウム	Er	167.3
12	マグネシウム	Mg	24.31	69	ツリウム	Tm	168.9
13	アルミニウム	Al	26.98	70	イッテルビウム	Yb	173.0
14	ケイ素	Si	28.09	71	ルテチウム	Lu	175.0
15	リン	P	30.97	72	ハフニウム	Hf	178.5
16	硫黄	S	32.07	73	タンタル	Ta	180.9
17	塩素	Cl	35.45	74	タングステン	W	183.8
18	アルゴン	Ar	39.95	75	レニウム	Re	186.2
19	カリウム	K	39.10	76	オスミウム	Os	190.2
20	カルシウム	Ca	40.08	77	イリジウム	Ir	192.2
21	スカンジウム	Sc	44.96	78	白金	Pt	195.1
22	チタン	Ti	47.87	79	金	Au	197.0
23	バナジウム	V	50.94	80	水銀	Hg	200.6
24	クロム	Cr	52.00	81	タリウム	Tl	204.4
25	マンガン	Mn	54.94	82	鉛	Pb	207.2
26	鉄	Fe	55.85	83	ビスマス	Bi	209.0
27	コバルト	Co	58.93	84	ポロニウム	Po	(210)
28	ニッケル	Ni	58.69	85	アスタチン	At	(210)
29	銅	Cu	63.55	86	ラドン	Rn	(222)
30	亜鉛	Zn	65.38*	87	フランシウム	Fr	(223)
31	ガリウム	Ga	69.72	88	ラジウム	Ra	(226)
32	ゲルマニウム	Ge	72.63	89	アクチニウム	Ac	(227)
33	ヒ素	As	74.92	90	トリウム	Th	232.0
34	セレン	Se	78.97	91	プロトアクチニウム	Pa	231.0
35	臭素	Br	79.90	92	ウラン	U	238.0
36	クリプトン	Kr	83.80	93	ネプツニウム	Np	(237)
37	ルビジウム	Rb	85.47	94	プルトニウム	Pu	(239)
38	ストロンチウム	Sr	87.62	95	アメリシウム	Am	(243)
39	イットリウム	Y	88.91	96	キュリウム	Cm	(247)
40	ジルコニウム	Zr	91.22	97	バークリウム	Bk	(247)
41	ニオブ	Nb	92.91	98	カリホルニウム	Cf	(252)
42	モリブデン	Mo	95.95	99	アインスタイニウム	Es	(252)
43	テクネチウム	Tc	(99)	100	フェルミウム	Fm	(257)
44	ルテニウム	Ru	101.1	101	メンデレビウム	Md	(258)
45	ロジウム	Rh	102.9	102	ノーベリウム	No	(259)
46	パラジウム	Pd	106.4	103	ローレンシウム	Lr	(262)
47	銀	Ag	107.9	104	ラザホージウム	Rf	(267)
48	カドミウム	Cd	112.4	105	ドブニウム	Db	(268)
49	インジウム	In	114.8	106	シーボーギウム	Sg	(271)
50	スズ	Sn	118.7	107	ボーリウム	Bh	(272)
51	アンチモン	Sb	121.8	108	ハッシウム	Hs	(277)
52	テルル	Te	127.6	109	マイトネリウム	Mt	(276)
53	ヨウ素	I	126.9	110	ダームスタチウム	Ds	(281)
54	キセノン	Xe	131.3	111	レントゲニウム	Rg	(280)
55	セシウム	Cs	132.9	112	コペルニシウム	Cn	(285)
56	バリウム	Ba	137.3	114	フレロビウム	Fl	(289)
57	ランタン	La	138.9	116	リバモリウム	Lv	(293)

†：市販品中のリチウム化合物のリチウムの原子量は 6.938 から 6.997 の幅をもつ。

©2016 日本化学会　原子量専門委員会